全球水电行业
年度发展报告

2019

国家水电可持续发展研究中心　编

中国水利水电出版社
www.waterpub.com.cn

·北京·

内 容 提 要

  本书系统分析了 2018 年全球水电行业发展现状；以美国和中国为典型国家，梳理了两国近十年水电装机容量和发电量的演变趋势；从水电成本、投资、就业与产业等多个方面，分析了全球水电行业的热点问题。

  本书可供从事可再生能源及水利水电工程领域的技术和管理人员，以及大中专院校能源工程、能源管理、水利水电工程及公共政策分析等专业的教师和研究生参考。

图书在版编目（CIP）数据

  全球水电行业年度发展报告. 2019 / 国家水电可持续发展研究中心编. -- 北京 ： 中国水利水电出版社，2020.9

  ISBN 978-7-5170-8921-6

  Ⅰ. ①全⋯ Ⅱ. ①国⋯ Ⅲ. ①水利电力工业－研究报告－世界－2019 Ⅳ. ①TV7

  中国版本图书馆CIP数据核字(2020)第184226号

审图号：GS（2020）4499 号

书 名	全球水电行业年度发展报告 2019 QUANQIU SHUIDIAN HANGYE NIANDU FAZHAN BAOGAO 2019
作 者	国家水电可持续发展研究中心 编
出版发行	中国水利水电出版社 （北京市海淀区玉渊潭南路 1 号 D 座 100038） 网址：www. waterpub. com. cn E - mail：sales@ waterpub. com. cn 电话：（010）68367658（营销中心）
经 售	北京科水图书销售中心（零售） 电话：（010）88383994、63202643、68545874 全国各地新华书店和相关出版物销售网点
排 版	中国水利水电出版社微机排版中心
印 刷	天津嘉恒印务有限公司
规 格	210mm×285mm 16 开本 6.25 印张 102 千字
版 次	2020 年 9 月第 1 版 2020 年 9 月第 1 次印刷
印 数	001—800 册
定 价	**90.00 元**

编　委　会

主　　任　汪小刚

副 主 任　张国新

主　　编　隋　欣

副 主 编　柳春娜　吴赛男　张　新　贾婉琳

编写人员　（按姓氏笔画排序）

李海英　吴赛男　陆　峰　陈　昂　陈伟铭

林俊强　柳春娜　贾婉琳　隋　欣　彭期冬

靳甜甜　翟正丽

致辞

SPEECH

党的十九大报告把对能源工作的要求放到"加快生态文明体制改革，建设美丽中国"的重要位置予以重点阐述，意义重大，影响深远，凸显了党中央对新时代能源转型和绿色发展的重大政治导向，体现了围绕建设社会主义现代化国家的宏伟目标，完善新时代水电能源发展战略，加快壮大水电能源产业的迫切需求。

《全球水电行业年度发展报告 2019》是国家水电可持续发展研究中心在国家能源局指导下编写的系列全球水电行业年度发展报告之一，已经连续出版两年。作为落实绿色发展理念，服务经济社会发展，参与全球能源治理体现建设，巩固和扩大水电国际合作的有益尝试，"全球水电行业年度发展报告"系列以自身独有的风格，成为水电从业人员和所有关心水电事业的读者了解全球水电行业发展状况的重要参考资料。《全球水电行业年度发展报告 2019》梳理分析了 2018 年全球水电行业发展状况和态势，力求系统全面，重点突出，为政府决策、企业和社会发展提供支持与服务。

希望国家水电可持续发展研究中心准确把握新时代水电发展战略定位，深刻学习领会党的十九大对能源发展的战略部署，重点围绕建设社会主义现代化国家的宏伟目标，提出新时代水电可持续发展战略；发挥自身优势，推出更多更好的研究咨询新成果，以期打造精品，形成系列，客观真实地记录全球水电行业发展历程，科学严谨地动态研判行业发展趋势，服务于政府与企业，与社会各界共享智慧，共赢发展！

汪小刚

2019 年 8 月

前 言
FOREWORD

水电作为目前技术最成熟、最具开发性和资源量丰富的可再生能源，具有可靠、清洁、经济的优势，是优化全球能源结构、应对全球气候变化的重要措施，得到了绝大多数国家的积极提倡和优先发展。近年来，全球水电蓬勃发展，特色鲜明，水电装机容量和发电量稳步增长，节能减排目标逐步实现。

2018年，在以习近平同志为核心的党中央坚强领导下，水电行业以习近平新时代中国特色社会主义思想为指导，坚决落实党中央、国务院决策部署和"四个革命、一个合作"能源安全新战略，在创新驱动发展战略和"一带一路"倡议的引领下，中国水电积极走向国际市场，统筹利用国内国际两种资源、两个市场，深化国际能源双边多边合作，持续构建清洁低碳、安全高效的现代能源体系。因此，做好全球水电行业发展的年度分析研究，及时总结全球水电行业发展的成功经验、出现的矛盾和问题，认识和把握新常态下水电行业发展的新形势、新特征，对推动全球水电可持续发展和制定及时、准确、客观的水电行业发展政策具有重要的指导意义。

《全球水电行业年度发展报告2019》是国家水电可持续发展研究中心编写的系列全球水电行业年度发展报告之一，报告分4个部分，从全球水电行业发展，典型国家美国和中国的水电发展与展望，水电成本、投资、就业与产业等多个方面，对2018年度全球水电行业发展状况进行了全面梳理、归纳和研究分析，在此基础上，深入剖析了水电行业的热点和焦点问题。在编写方式上，报告力求以客观准确的统计数据为支撑，基于国际可再生能源署（IRENA）、国际水电协会（IHA）、国际能源署（IEA）、世界银行（WB）、联合国环境规划署（UNEP），以及美国和中国2

个典型国家能源行政主管部门和能源信息官方网站发布的全球水电行业相关报告和数据，以简练的文字分析，并辅以图表，将报告展现给读者，报告图文并茂、直观形象、凝聚焦点、突出重点，旨在方便阅读、利于查询和检索。

根据《国家及下属地区名称代码　第一部分：国家代码》（ISO 3166-1）、《国家及下属地区名称代码　第二部分：下属地区代码》（ISO 3166-2）、《国家及下属地区名称代码　第三部分：国家曾用名代码》（ISO 3166-3）和《世界各国和地区名称代码》（GB/T 2659—2000），本书划分了亚洲（东亚、东南亚、南亚、中亚、西亚）、美洲（北美、拉丁美洲和加勒比）、欧洲、非洲和大洋洲等10个大洲和地区。

本书所使用的计量单位，主要采用国际单位制单位和我国法定计量单位，部分数据合计数或相对数由于单位取舍不同而产生的计算误差，均未进行机械调整。

如无特别说明，本书各项中国统计数据不包含香港特别行政区、澳门特别行政区和台湾省的数据，水电装机容量和发电量数据均包含抽水蓄能数据。

报告在编写过程中，得到了能源行业行政主管部门、研究机构、企业和行业知名专家的大力支持与悉心指导，在此谨致衷心的谢意！我们真诚地希望，《全球水电行业年度发展报告2019》能够为社会各界了解全球水电行业发展状况提供参考。

因经验和时间有限，书中难免存在疏漏，恳请读者批评指正。

编者

2019年8月

缩 略 词

缩略词	英文全称	中文全称
CBI	The Climate Bonds Initiative	气候债券倡议
DBB	Design – Bid – Build	设计—招标—建设
EIA	Energy Information Administration	美国能源信息署
FERC	Federal Energy Regulatory Commission	联邦能源管理委员会
GC/CM	General Contractor/Construction Management	总承包商/施工经理
HSAP	Hydropower Sustainability Assessment Protocol	水电可持续发展评估议定书
HESG	Hydropower ESG Gap Analysis Tool	水电可持续发展环境、社会和治理差异分析
IEA	International Energy Agency	国际能源署
IHA	International Hydropower Association	国际水电协会
IRENA	International Renewable Energy Agency	国际可再生能源署
ITC	Investment Tax Credit	投资税收抵免
LCOE	The Levelized Cost of Electricity	电力平准化度电成本
NHA	National Hydropower Association	国家水电协会
PTC	Production Tax Credit	生产税抵免
REN21	Renewable Energy Policy Network for The 21st Century	21世纪可再生能源政策网络组织
R&U	Refurbishments and Upgrades	升级改造
RPS	Renewable Portfolio Standard	可再生能源配额制

目录

CONTENTS

2018 年全球水电行业发展概览

1 主要内容

《全球水电行业年度发展报告 2019》（以下简称《年报 2019》）全面梳理了 2018 年全球水电行业装机容量和发电量发展现状，以及美国和中国的水电行业发展与展望；从成本、投资、就业、产业等方面，分析了全球水电行业的热点问题，并识别了全球水电经济与成本阈值。

2 数据来源

《年报 2019》中 2018 年全球主要国家和地区（不含中国、美国）水电装机容量、常规水电装机容量和抽水蓄能装机容量数据均来源于国际可再生能源署（IRENA）最新发布的《可再生能源装机容量统计 2019》（*Renewable Capacity Statistics* 2019）。其中，水电装机容量包括常规水电装机容量和抽水蓄能装机容量；常规水电装机容量含混合式抽水蓄能电站的装机容量，抽水蓄能装机容量为纯抽水蓄能电站的装机容量。

《年报 2019》中 2018 年全球主要国家和地区（不含中国）水电发电量数据来源于国际水电协会（IHA）最新发布的《水电现状报告 2019》（*Hydropower Status Report* 2019）。

《年报 2019》中 2008—2017 年中国水电装机容量、水电发电量、常规水电装机容量和抽水蓄能装机容量数据均来源于《全球水电行业年度发展报告 2018》；2018 年中国水电装机容量、水电发电量、常规水电装机容量和抽水蓄能装机容量数据来源于中国电力企业联合会发布的《中国电力行业年度发展报告 2019》。

《年报 2019》中 2008—2017 年美国水电装机容量、水电发电量、常规水电装机容量和抽水蓄能装机容量数据均来源于《全球水电行业年度发展报告 2018》（以下简称《年报 2018》）；2018 年美国水电装机容量、常规水电装机容量和抽水蓄能装机容量数据均来源于国际水电协会最新发布的《水电现状报告 2019》（*Hydropower Status Report* 2019）。

《年报 2019》统计的国家（地区）与《年报 2018》一致。国际可再生能源署、国际水电协会和《年报 2019》统计的持有水电数据的国家（地区）分布情况见表 1。

表 1   持有水电数据的国家（地区）分布情况

名　称	国际可再生能源署数据	国际水电协会数据	《年报 2019》数据
全球	158	221	161
亚洲	36	56	36
美洲	31	49	32
欧洲	39	48	40
非洲	43	58	43
大洋洲	9	10	10

注 国际水电协会统计的 221 个国家（地区）中，仅 161 个国家（地区）具有水电数据，已全部纳入《年报 2019》；其余 61 个国家均无水电装机容量和发电量数据。

全球水电行业成本数据来源于国际可再生能源署最新发布的《可再生发电成本 2018》（*Renewable Power Generation Costs in* 2018），投资数据来源于 21 世纪可再生能源政策网络组织（REN21）最新发布的《全球可再生能源现状报告 2019》（*Renewables 2019 Global Status Report*）和美国能源局最新发布的《水电市场报告 2018》（*2018 Hydropower Market Report*），就业数据来源于国际可再生能源署最新发布的《可再生能源和就业报告 2019》（*Renewable Energy and Jobs Annual Review 2019*）。根据国家统计局《2018 年国民经济和社会发展统计公报》数据，2018 年全年人民币平均汇率为 1 美元兑 6.62 元人民币。

美国水电行业发展数据来源于《水电现状报告 2019》《水电市场报告 2018》和美国能源信息署（EIA）官方网站。

中国水电行业数据来源于《中国电力行业年度发展报告 2019》。

3   水电行业概览

2018 年，全球水电发展良好，增长稳定。截至 2018 年年底，全球水电装机容量达到 12.88 亿千瓦，其中，抽水蓄能装机容量 1.23 亿千瓦；全球水电新增装机容量约 2136 万千瓦。全球水电发电量达到 41910 亿千瓦时，逐渐成为支撑可再生能源系统的重要能源（见图 1～图 4）。

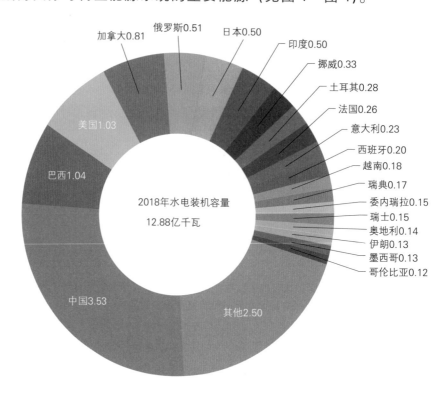

图 1 2018 年全球各国（地区）水电装机容量（单位：亿千瓦）

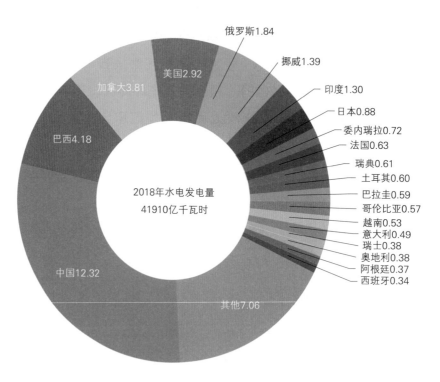

图 2 2018 年全球各国（地区）水电发电量（单位：10^3 亿千瓦时）

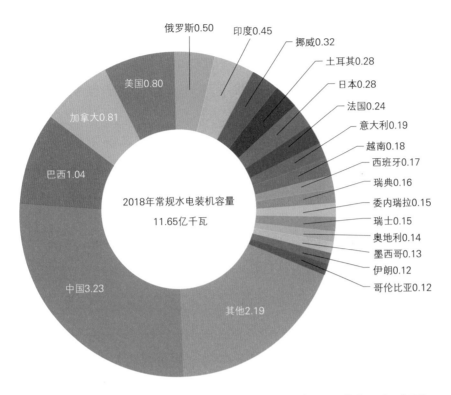

图 3　2018 年全球各国（地区）常规水电装机容量（单位：亿千瓦）

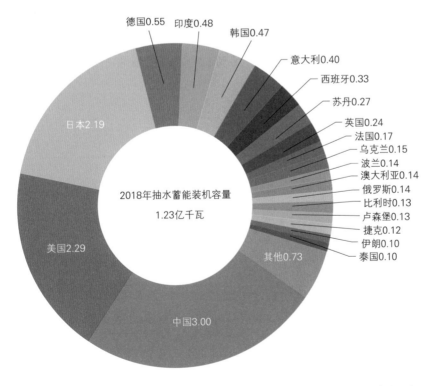

图 4　2018 年全球各国（地区）抽水蓄能装机容量（单位：10^{-1} 亿千瓦）

2018 年全球水电行业装机容量和发电量大数据

- 全球水电发电量达到 41910 亿千瓦时。
- 全球水电装机容量达到 12.88 亿千瓦，新增水电装机容量约 2136 万千瓦。
- 中国再次引领全球水电行业发展，水电装机容量 3.53 亿千瓦，新增水电装机容量 1140 万千瓦，包括抽水蓄能新增装机容量 130 万千瓦。水电发电量 12321 亿千瓦时，均居全球首位。
- 新增水电装机容量较高的其他国家包括巴西（388 万千瓦）、巴基斯坦（249 万千瓦）、土耳其（102 万千瓦）、印度（68 万千瓦）、吉尔吉斯斯坦（61 万千瓦）和挪威（56 万千瓦）。

2018 年全球水电行业经济和就业大数据

- 全球水电建设总成本每千瓦 1492 美元（9877 元）。
- 全球水电的电力平准化度电成本（LCOE）为每千瓦时 0.047 美元（0.31 元）。
- 全球水电提供就业岗位 205.4 万个，占当年可再生能源就业岗位的 18.7%，较上一年度增长 36%；超过 70% 的工作岗位是运营和维护。

2018 年中国水电行业发展大数据

- 中国常规水电装机容量 32260 万千瓦，增速加大，同比增速 3.2%。
- 中国水电是非化石能源的主体，水电装机容量占非化石能源装机容量的 45.4%。
- 中国抽水蓄能装机容量 2999 万千瓦，增速放缓，同比增速 4.5%。

1

全球水电行业发展概况

1.1 全球水电现状

1.1.1 装机容量

截至 2018 年年底，全球水电装机容量 12.88 亿千瓦，约占全球可再生能源装机容量的 54.8%。

截至 2018 年年底，东亚、欧洲、拉丁美洲和加勒比、北美 4 个区域的水电装机容量均超过 1 亿千瓦（见图 1.1），占全球水电

全球水电装机容量持续增长

全球水电装机容量
12.88 亿千瓦

↑ 1.7%

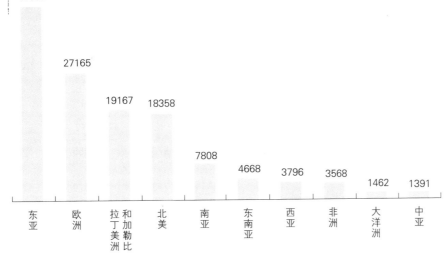

图 1.1 2018 年全球各区域水电装机容量（单位：万千瓦）
数据来源：《可再生能源装机容量统计 2019》《水电现状报告 2019》
《中国电力行业年度发展报告 2019》

**全球水电开发持续
向东亚集中**

东亚水电装机
容量占比

32.1%

装机容量的 82.4%。其中, 东亚水电装机容量 41399 万千瓦, 占全球水电装机容量的 32.1% (见图 1.2 和表 1.1)。

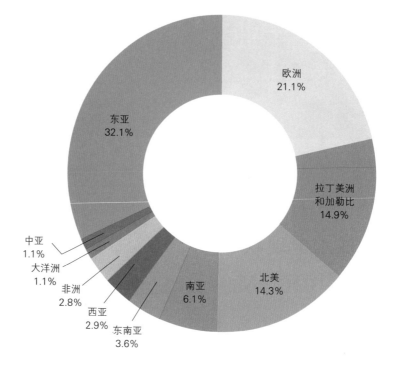

图 1.2　2018 年全球各区域水电装机容量占比

表 1.1　2018 年全球各区域水电装机容量及发电量

区　域		装机容量/万千瓦	发电量/亿千瓦时	常规水电装机容量/万千瓦	抽水蓄能装机容量/万千瓦
中文	英　文				
东亚	Eastern Asia	41399	13408	35738	5661
东南亚	South‐eastern Asia	4669	1386	4492	177
南亚	Southern Asia	7808	1821	7225	583
中亚	Central Asia	1391	509	1391	0
西亚	Western Asia	3796	821	3772	24
北美	Northern America	18359	6733	16055	2303
拉丁美洲和加勒比	Latin America and the Caribbean	19167	7736	19070	97
欧洲	Europe	27164	7662	24197	2967
非洲	Africa	3569	1378	3249	320
大洋洲	Oceania	1462	456	1320	142
合计		128782	41910	116508	12274

注　数据来源:《可再生能源装机容量统计 2019》《水电现状报告 2019》《中国电力行业年度发展报告 2019》。

1.1.2　发电量

截至 2018 年年底，全球水电发电量 41910 亿千瓦时，同比增速 0.8%，比 2017 年增长 349 亿千瓦时。

截至 2018 年年底，东亚、拉丁美洲和加勒比、欧洲、北美 4 个区域的水电发电量均超过 5000 亿千瓦时（见图 1.3），4 个区域的水电发电量占全球水电发电量的 84.8%。其中，东亚水电发电量最高，占全球水电发电量的 32.0%（见图 1.4）。

水电发电量继续增长

水电发电量
41910 亿千瓦时

↑ **0.8%**

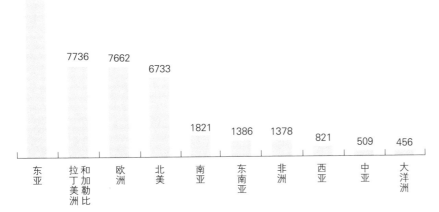

图 1.3　2018 年全球各区域水电发电量（单位：亿千瓦时）

数据来源：《水电现状报告 2019》《中国电力行业年度发展报告 2019》

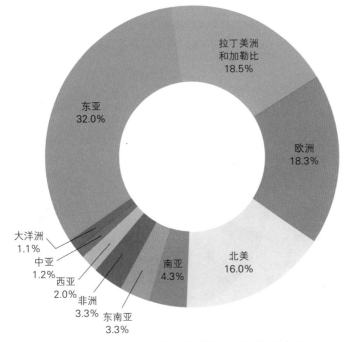

图 1.4　2018 年全球各区域水电发电量占比

9

1.2 常规水电现状

常规水电装机容量增速持平

常规水电装机容量
1.7% ↑

截至 2018 年年底，全球常规水电装机容量 11.65 亿千瓦，约占全球水电装机容量的 90.5%；2018 年全球常规水电装机容量同比增速 1.7%，较上一年度增长 1934 万千瓦。

截至 2018 年年底，东亚、欧洲、拉丁美洲和加勒比、北美 4 个区域的常规水电装机容量均超过 1 亿千瓦（见图 1.5），占全球常规水电装机容量的 81.6%。其中，东亚常规水电装机容量 35738 万千瓦，占全球常规水电装机容量的 30.7%（见图 1.6）。

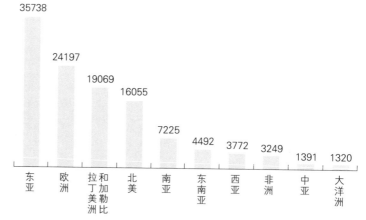

图 1.5　2018 年全球各区域常规水电装机容量（单位：万千瓦）
数据来源：《可再生能源装机容量统计 2019》《水电现状报告 2019》
《中国电力行业年度发展报告 2019》

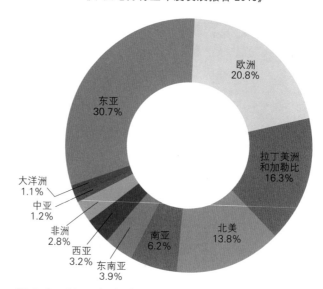

图 1.6　2018 年全球各区域常规水电装机容量占比

1.3 抽水蓄能现状

截至 2018 年年底，全球抽水蓄能装机容量 1.23 亿千瓦，约占全球水电装机容量的 9.5%；2018 年全球抽水蓄能装机容量同比增长 1.7%，较上一年度增长 202 万千瓦。

截至 2018 年年底，东亚、欧洲、北美 3 个区域的抽水蓄能装机容量均超过 1000 万千瓦（见图 1.7），占全球抽水蓄能装机容量的 89.1%。其中，东亚抽水蓄能装机容量 5661 万千瓦，占全球抽水蓄能装机容量的 46.1%（见图 1.8）。

抽水蓄能装机容量增长

抽水蓄能装机容量

↑ **1.7%**

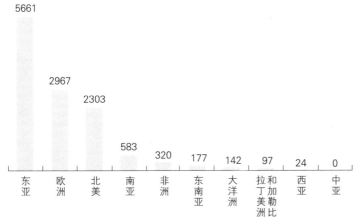

图 1.7 2018 年全球各区域抽水蓄能装机容量（单位：万千瓦）

数据来源：《可再生能源装机容量统计 2019》《水电现状报告 2019》
《中国电力行业年度发展报告 2019》

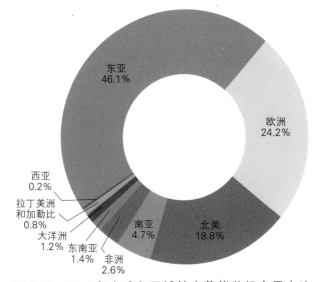

图 1.8 2018 年全球各区域抽水蓄能装机容量占比

2

区域水电行业发展概况

2.1 亚洲

2.1.1 东亚

2.1.1.1 水电现状

2.1.1.1.1 装机容量

截至 2018 年年底，东亚水电装机容量 4.14 亿千瓦，约占亚洲水电装机容量的 70.1%；比 2017 年增长 1011 万千瓦，同比增长 2.5%。

截至 2018 年年底，中国和日本的水电装机容量均超过 1000 万千瓦（见图 2.1），占东亚水电装机容量的 97.3%。其中，中

东亚水电装机容量持续增长

东亚水电装机容量

2.5% ↑

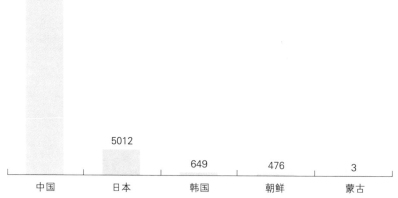

图 2.1　2018 年东亚各国水电装机容量（单位：万千瓦）

数据来源：《可再生能源装机容量统计 2019》《中国电力行业年度发展报告 2019》

国水电装机容量占东亚水电装机容量的 85.2%（见图 2.2），比 2017 年新增水电装机容量 1140 万千瓦。

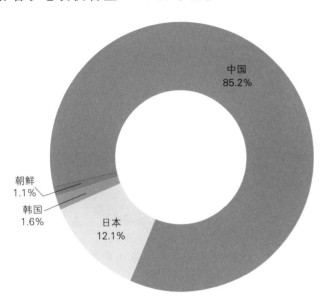

图 2.2　2018 年东亚主要国家水电装机容量占比

2.1.1.1.2　发电量

截至 2018 年年底，东亚水电发电量 13408 亿千瓦时，位居全球之首，比 2017 年新增水电发电量 349 亿千瓦时，同比增长 2.7%。

截至 2018 年年底，中国和日本的水电发电量均超过 500 亿千瓦时（见图 2.3），占东亚水电发电量的 98.5%。其中，中国水电发电量 12321 亿千瓦时，占东亚水电发电量的 91.9%（见图 2.4）。

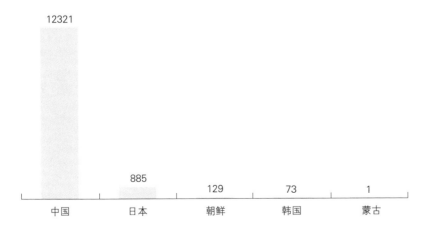

图 2.3　2018 年东亚各国水电发电量（单位：亿千瓦时）

数据来源：《水电现状报告 2019》《中国电力行业年度发展报告 2019》

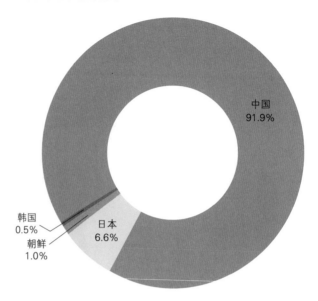

图 2.4　2018 年东亚主要国家水电发电量占比

2.1.1.2　常规水电现状

截至 2018 年年底，东亚常规水电装机容量 3.6 亿千瓦，位居全球之首，比 2017 年新增常规水电装机容量 881 万千瓦，同比增长 2.5%。

截至 2018 年年底，中国和日本的常规水电装机容量均超过 1000 万千瓦（见图 2.5），占东亚常规水电装机容量的 98.2%。其中，中国常规水电装机容量占东亚常规水电装机容量的 90.3%（见图 2.6）。

截至 2018 年年底，中国常规水电装机容量 32260 万千瓦，比 2017 年增长 1010 万千瓦，同比增速 3.2%。

东亚常规水电装机容量增速加快

东亚常规水电装机容量

2.5% ↑

中国常规水电装机容量占比

90.3%

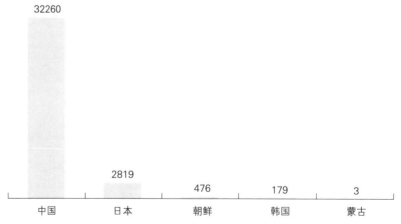

图 2.5　2018 年东亚各国常规水电装机容量（单位：万千瓦）

数据来源：《可再生能源装机容量统计 2019》《中国电力行业年度发展报告 2019》

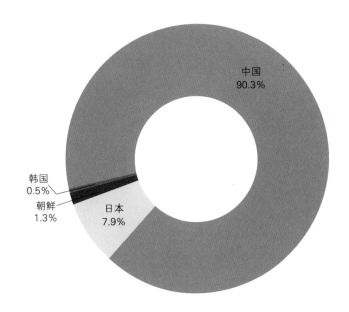

图 2.6　2018 年东亚主要国家常规水电装机容量占比

2.1.1.3　抽水蓄能现状

截至 2018 年年底，东亚抽水蓄能装机容量 5661 万千瓦，位居全球之首，比 2017 年增长 130 万千瓦，同比增长 2.4%，新增装机容量全部来自中国。

截至 2018 年年底，中国和日本的抽水蓄能装机容量均超过 1000 万千瓦（见图 2.7），占东亚抽水蓄能装机容量的 91.7%。其中，中国抽水蓄能装机容量占东亚抽水蓄能装机容量的 53.0%，比 2017 年增长了 1.1 个百分点（见图 2.8）；日本抽水蓄能装机容量 2192 万千瓦，与 2017 年持平。

东亚抽水蓄能装机容量增速放缓

东亚抽水蓄能装机容量

↑ **2.4%**

中国抽水蓄能装机容量位居东亚之首

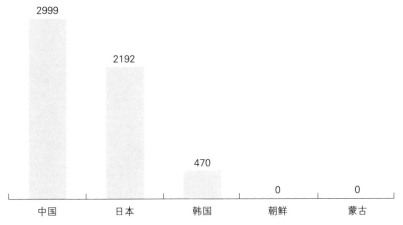

图 2.7　2018 年东亚各国抽水蓄能装机容量（单位：万千瓦）

数据来源：《可再生能源装机容量统计 2019》《中国电力行业年度发展报告 2019》

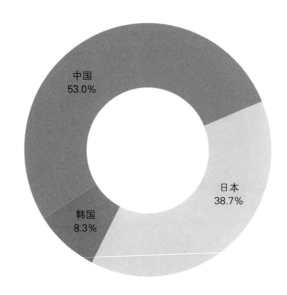

图2.8　2018年东亚主要国家抽水蓄能装机容量占比

截至2018年年底，中国抽水蓄能装机容量2999万千瓦，比2017年增长130万千瓦，同比增速4.5%。

2.1.2　东南亚

2.1.2.1　水电现状

2.1.2.1.1　装机容量

截至2018年年底，东南亚水电装机容量4668万千瓦，占亚洲水电装机容量的7.9%，比2017年增长18万千瓦，同比增长0.4%。

截至2018年年底，东南亚各国中仅越南的水电装机容量超过1000万千瓦（见图2.9），占东南亚水电装机容量的38.5%

东南亚水电装机容量增速放缓

东南亚水电装机容量

0.4% ↑

越南水电装机容量位居东南亚之首

越南水电装机容量占比

38.5%

图2.9　2018年东南亚各国水电装机容量（单位：万千瓦）

数据来源：《可再生能源装机容量统计2019》

(见图 2.10)，比 2017 年增长 22 万千瓦，位居东南亚之首。

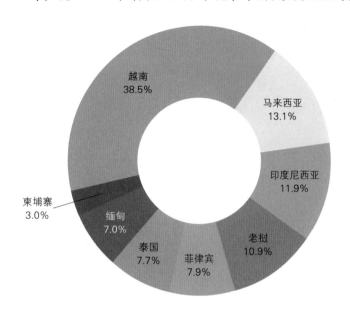

图 2.10　2018 年东南亚主要国家水电装机容量占比

2.1.2.1.2　发电量

截至 2018 年年底，东南亚水电发电量 1386 亿千瓦时，比 2017 年减少 96 亿千瓦时，同比下降 6.5%。

截至 2018 年年底，东南亚各国中仅越南的水电发电量超过 500 亿千瓦时（见图 2.11），占东南亚水电发电量的 38.0%（见图 2.12），比 2017 年下降了 2.4 个百分点。

东南亚水电发电量持续减少

东南亚水电发电量

↓ **6.5%**

越南水电发电量位居东南亚之首

越南水电发电量占比

38.0%

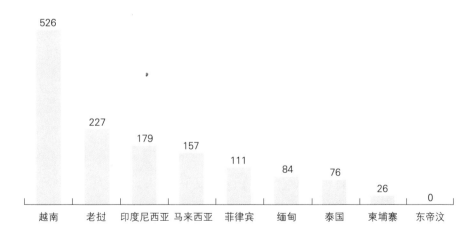

图 2.11　2018 年东南亚各国水电发电量（单位：亿千瓦时）
数据来源：《水电现状报告 2019》

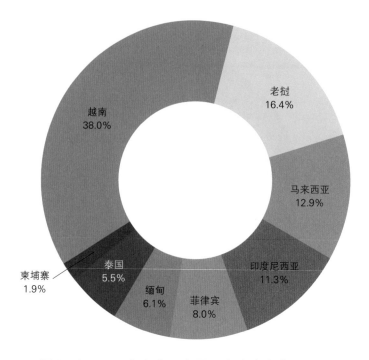

图 2.12　2018 年东南亚主要国家水电发电量占比

2.1.2.2　常规水电现状

东南亚常规水电装机容量增速放缓

东南亚常规水电装机容量

0.3% ↑

越南常规水电装机容量占比

40.0%

　　截至 2018 年年底，东南亚常规水电装机容量 4492 万千瓦，比 2017 年新增常规水电装机容量 14 万千瓦，同比增长 0.3%。

　　截至 2018 年年底，东南亚各国中仅越南的常规水电装机容量超过 1000 万千瓦（见图 2.13），占东南亚常规水电装机容量的 40.0%（见图 2.14），比 2017 年增长 22 万千瓦，位居东南亚之首。

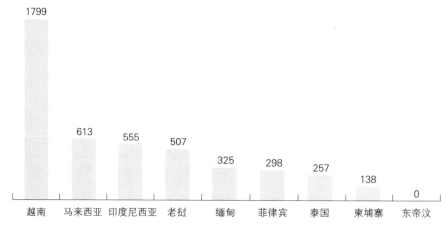

图 2.13　2018 年东南亚各国常规水电装机容量（单位：万千瓦）

数据来源：《可再生能源装机容量统计 2019》

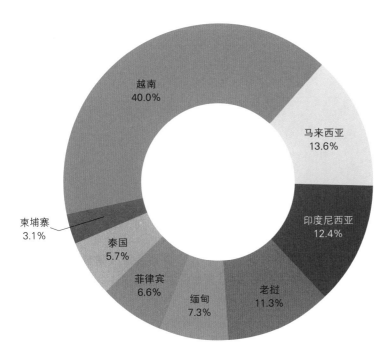

图 2.14　2018 年东南亚主要国家常规水电装机容量占比

2.1.2.3　抽水蓄能现状

截至 2018 年年底，东南亚抽水蓄能装机容量 177 万千瓦，比 2017 年增长 5 万千瓦，同比增长 2.9%。

截至 2018 年年底，东南亚地区仅泰国和菲律宾开发建设了抽水蓄能电站。其中，泰国抽水蓄能装机容量占东南亚抽水蓄能装机容量的 58.2%。截至 2018 年年底，泰国抽水蓄能装机容量 103 万千瓦，与 2017 年持平。

2.1.3　南亚

2.1.3.1　水电现状

2.1.3.1.1　装机容量

截至 2018 年年底，南亚水电装机容量 7808 万千瓦，比 2017 年增长 347 万千瓦，同比增长 4.7%，新增水电装机容量的 71.8% 来自巴基斯坦。

截至 2018 年年底，印度和伊朗水电装机容量均超过 1000 万千瓦（见图 2.15），占南亚水电装机容量的 81.0%。其中，印度水电装机容量占南亚水电装机容量的 64.1%（见图 2.16），比 2017 年下降了 2.1 个百分点。

东南亚抽水蓄能装机容量增长

东南亚抽水蓄能装机容量

↑ **2.9%**

泰国抽水蓄能装机容量位居东南亚之首

泰国抽水蓄能装机容量占比

58.2%

南亚水电装机容量持续增长

南亚水电装机容量

↑ **4.7%**

印度水电装机容量位居南亚之首

印度水电装机容量占比

64.1%

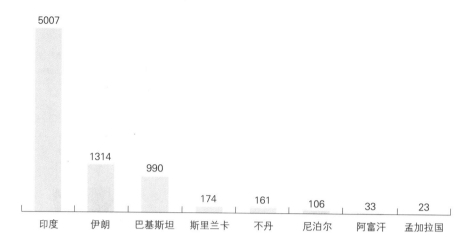

图 2.15 2018 年南亚各国水电装机容量（单位：万千瓦）
数据来源：《可再生能源装机容量统计 2019》

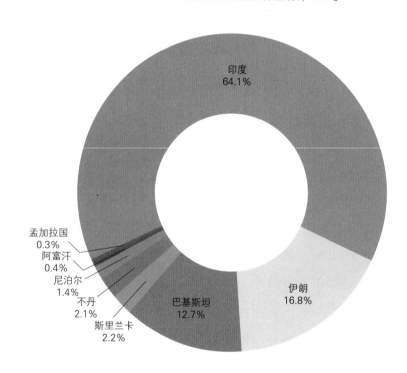

图 2.16 2018 年南亚各国水电装机容量占比

南亚水电发电量减少

南亚水电发电量

9.9% ↓

印度水电发电量位居南亚之首

印度水电发电量占比

71.4%

2.1.3.1.2 发电量

截至 2018 年年底，南亚水电发电量 1821 亿千瓦时，比 2017 年减少 201 亿千瓦时，同比下降 9.9%。

截至 2018 年年底，南亚各国中仅印度的水电发电量超过 500 亿千瓦时（见图 2.17），占南亚水电发电量的 71.4%（见图 2.18），比 2017 年提升了 4.4 个百分点。

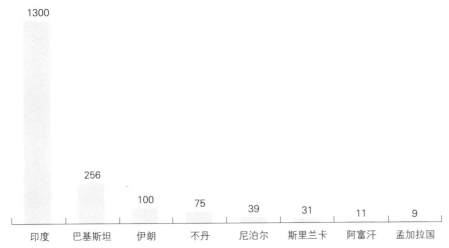

图 2.17　2018 年南亚各国水电发电量（单位：亿千瓦时）

数据来源：《水电现状报告 2019》

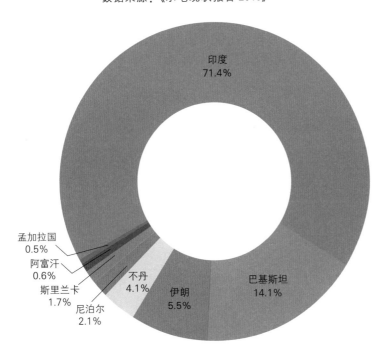

图 2.18　2018 年南亚各国水电发电量占比

2.1.3.2　常规水电现状

　　截至 2018 年年底，南亚常规水电装机容量 7225 万千瓦，比 2017 年增长 347 万千瓦，同比增长 5.1%，新增常规水电装机容量的 71.8% 来自巴基斯坦。

　　截至 2018 年年底，南亚各国中仅印度和伊朗的常规水电装机容量超过 1000 万千瓦（见图 2.19），占南亚常规水电装机容量的 79.4%。其中，印度常规水电装机容量占南亚常规水电装机容

南亚常规水电装机容量持续增长

南亚常规水电装机容量

↑**5.1%**

**印度常规水电装机
容量位居南亚之首**

印度常规水电
装机容量占比

62.7%

量的 62.7%（见图 2.20）。截至 2018 年年底，印度常规水电装机
容量 4528 万千瓦，比 2017 年增长 68 万千瓦，同比增速 1.5%。

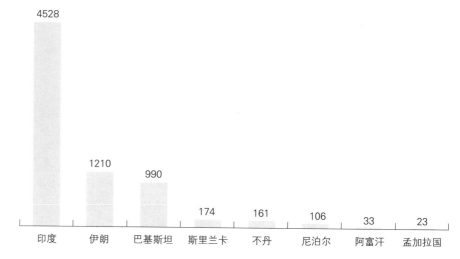

图 2.19　2018 年南亚各国常规水电装机容量（单位：万千瓦）

数据来源：《可再生能源装机容量统计 2019》

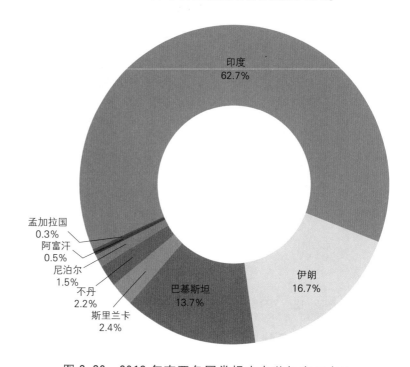

图 2.20　2018 年南亚各国常规水电装机容量占比

**印度抽水蓄能装机
容量位居南亚之首**

2008 年以来，印度抽水
蓄能装机容量持平

2.1.3.3　抽水蓄能现状

　　截至 2017 年年底，南亚抽水蓄能装机容量 583 万千瓦，与
2017 年持平。南亚各国中仅印度和伊朗开发建设了抽水蓄能电
站，其中印度抽水蓄能装机容量占南亚抽水蓄能装机容量的 82.1%。

2008 年以来，印度抽水蓄能装机容量持平。

2.1.4　中亚

2.1.4.1　水电现状

2.1.4.1.1　装机容量

截至 2018 年年底，中亚水电装机容量 1391 万千瓦，比 2017 年增长 99 万千瓦，同比增长 7.7%，新增水电装机容量的 61.6% 来自吉尔吉斯斯坦。

截至 2018 年年底，中亚各国中仅塔吉克斯坦的水电装机容量超过 500 万千瓦（见图 2.21），为 563 万千瓦，位居中亚首位，占中亚水电装机容量的 40.5%（见图 2.22）。

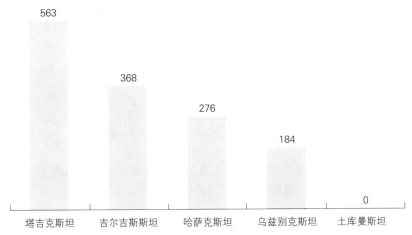

图 2.21　2018 年中亚各国水电装机容量（单位：万千瓦）

数据来源：《可再生能源装机容量统计 2019》

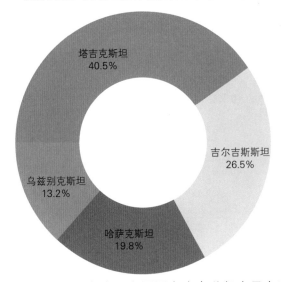

图 2.22　2018 年中亚主要国家水电装机容量占比

中亚水电发电量减少

中亚水电发电量

4.0% ↓

塔吉克斯坦水电发电量位居中亚之首

塔吉克斯坦水电
发电量占比

34.8%

2. 1. 4. 1. 2　发电量

截至 2018 年年底，中亚水电发电量 509 亿千瓦时，比 2017 年减少 21 亿千瓦时，同比下降 4.0%。

截至 2018 年年底，中亚各国的水电发电量均未超过 500 亿千瓦时（见图 2.23）。塔吉克斯坦的发电量位居中亚首位，为 177 亿千瓦时，占中亚水电发电量的 34.8%（见图 2.24）。

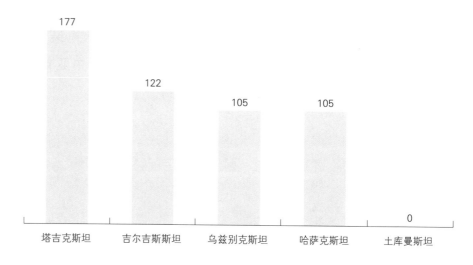

图 2.23　2018 年中亚各国水电发电量（单位：亿千瓦时）

数据来源：《水电现状报告 2019》

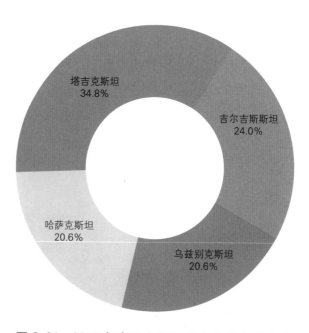

图 2.24　2018 年中亚主要国家水电发电量占比

2.1.4.2　常规水电现状

截至 2018 年年底，中亚常规水电装机容量 1391 万千瓦，比 2017 年增长 99 万千瓦，同比增长 7.7%，新增常规水电装机容量的 61.6% 来自吉尔吉斯斯坦。

截至 2018 年年底，中亚各国中仅塔吉克斯坦的常规水电装机容量超过 500 万千瓦（见图 2.25），为 563 万千瓦，位居中亚首位，占中亚水电装机容量的 40.5%（见图 2.26）。

2.1.4.3　抽水蓄能现状

截至 2018 年年底，中亚各国暂无抽水蓄能装机容量数据。

中亚常规水电装机容量增长

中亚常规水电装机容量

↑ **7.7%**

塔吉克斯坦常规水电装机容量位居中亚之首

塔吉克斯坦常规水电装机容量占比

40.5%

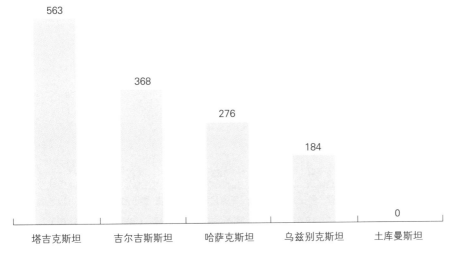

图 2.25　2018 年中亚各国常规水电装机容量（单位：万千瓦）

数据来源：《可再生能源装机容量统计 2019》

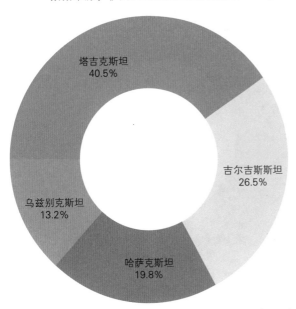

图 2.26　2018 年中亚主要国家常规水电装机容量占比

西亚水电装机容量
持续增长

西亚水电装机容量

1.7% ↑

土耳其水电装机容
量位居西亚之首

土耳其水电装机容量
占比

74.5%

2.1.5 西亚

2.1.5.1 水电现状

2.1.5.1.1 装机容量

截至 2018 年年底，西亚水电装机容量 3796 万千瓦，比 2017 年增长 64 万千瓦，同比增长 1.7%。

截至 2018 年年底，西亚各国中仅土耳其的水电装机容量超过 1000 万千瓦，为 2829 万千瓦（见图 2.27），占西亚水电装机容量的 74.5%（见图 2.28）。

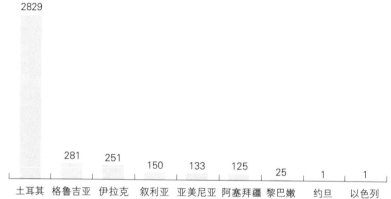

图 2.27　2018 年西亚各国水电装机容量（单位：万千瓦）

数据来源：《可再生能源装机容量统计 2019》

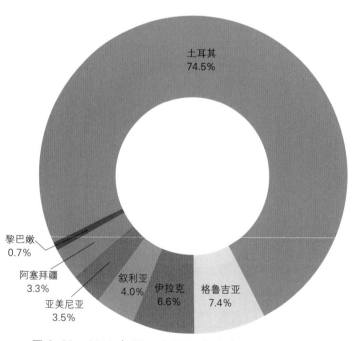

图 2.28　2018 年西亚主要国家水电装机容量占比

2.1.5.1.2　发电量

　　截至 2018 年年底，西亚水电发电量 821 亿千瓦时，比 2017 年增长 12 亿千瓦时，同比增长 1.5%。

　　截至 2018 年年底，西亚各国中仅土耳其的水电发电量超过 500 亿千瓦时（见图 2.29），为 598 亿千瓦时，占西亚水电发电量的 72.8%（见图 2.30）。

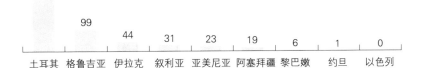

图 2.29　2018 年西亚各国水电发电量（单位：亿千瓦时）

数据来源：《水电现状报告 2019》

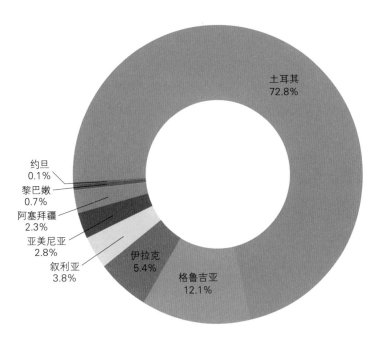

图 2.30　2018 年西亚主要国家水电发电量占比

2.1.5.2　常规水电现状

　　截至 2018 年年底，西亚常规水电装机容量 3772 万千瓦，比 2017 年增长 64 万千瓦，同比增长 1.7%。

西亚水电发电量呈波动式增长

西亚水电发电量

↑ **1.5%**

土耳其水电发电量位居西亚之首

土耳其水电发电量占比

72.8%

西亚常规水电装机容量缓慢增长

西亚常规水电装机容量

↑ **1.7%**

土耳其常规水电装机容量位居西亚之首

土耳其常规水电装机容量占比

75.0%

截至 2018 年年底，西亚各国中仅土耳其的常规水电装机容量超过 1000 万千瓦，为 2829 万千瓦（见图 2.31），占西亚常规水电装机容量的 75.0%（见图 2.32）。

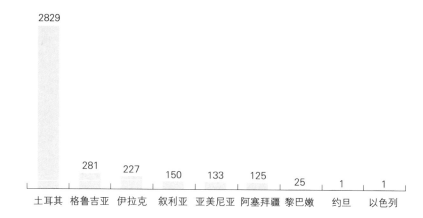

图 2.31　2018 年西亚各国常规水电装机容量（单位：万千瓦）
数据来源：《可再生能源装机容量统计 2019》

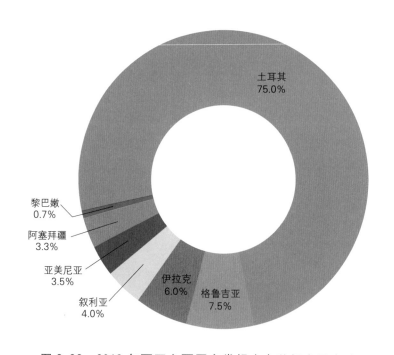

图 2.32　2018 年西亚主要国家常规水电装机容量占比

2.1.5.3　抽水蓄能现状

截至 2018 年年底，西亚各国中仅伊拉克开发建设了抽水蓄能电站，装机容量 24 万千瓦，与 2017 年持平。

2.2　美洲

2.2.1　北美

2.2.1.1　水电现状

2.2.1.1.1　装机容量

截至 2018 年年底，北美水电装机容量 1.84 亿千瓦，比 2017年减少 76 万千瓦，同比下降 0.4%。

截至 2018 年年底，美国和加拿大的水电装机容量均超过1000 万千瓦（见图 2.33）。其中，美国水电装机容量占北美水电装机容量的 56.0%，加拿大水电装机容量占北美水电装机容量的44.0%（见图 2.34）。

北美水电装机容量**减少**

北美水电装机容量
↓ **0.4%**

美国水电装机容量**位居北美之首**

美国水电装机容量占比
56.0%

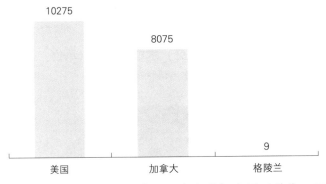

图 2.33　2018 年北美各国（地区）水电装机容量（单位：万千瓦）

数据来源：《可再生能源装机容量统计 2019》《水电现状报告 2019》

图 2.34　2018 年北美主要国家水电装机容量占比

2.2.1.1.2 发电量

截至 2018 年年底，北美水电发电量 6733 亿千瓦时，比 2017 年减少 305 亿千瓦时，同比下降 4.3%。

截至 2018 年年底，加拿大和美国的水电发电量均超过 500 亿千瓦时（见图 2.35）。其中，加拿大水电发电量 3812 亿千瓦时，占北美水电发电量的 56.6%（见图 2.36），比 2017 年降低了 0.7 个百分点。

北美水电发电量呈波动态势

北美水电发电量

4.3% ↓

加拿大水电发电量位居北美之首

加拿大水电发电量占比

56.6%

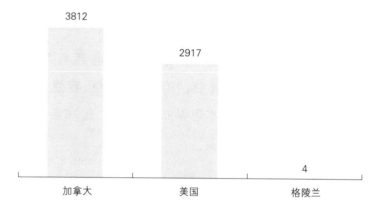

图 2.35 2018 年北美各国（地区）水电发电量（单位：亿千瓦时）

数据来源：《水电现状报告 2019》

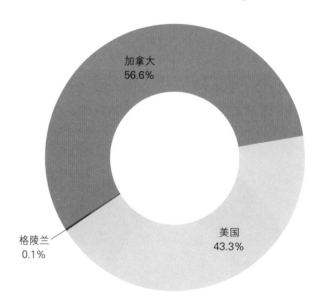

图 2.36 2018 年北美主要国家水电发电量占比

2.2.1.2 常规水电现状

截至 2018 年年底，北美常规水电装机容量 1.61 亿千瓦，比 2017 年减少 82 万千瓦，同比下降 0.5%。

北美常规水电装机容量趋于平稳

北美常规水电装机容量

0.5% ↓

截至 2018 年年底，加拿大和美国的常规水电装机容量均超过 1000 万千瓦（见图 2.37）。其中，加拿大常规水电装机容量占北美常规水电装机容量的 50.2%，美国常规水电装机容量占北美常规水电装机容量的 49.8%（见图 2.38）。

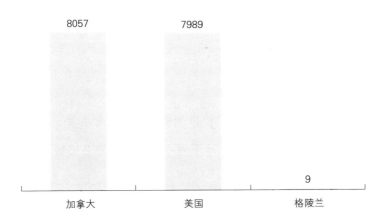

图 2.37　2018 年北美各国（地区）常规水电装机容量（单位：万千瓦）

数据来源：《可再生能源装机容量统计 2019》《水电现状报告 2019》

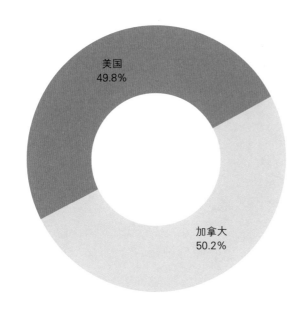

图 2.38　2018 年北美主要国家常规水电装机容量占比

2.2.1.3　抽水蓄能现状

截至 2018 年年底，北美抽水蓄能装机容量 2303 万千瓦，比 2017 年增长 5 万千瓦，同比增长 0.2%，新增抽水蓄能装机容量全部来自美国。

美国抽水蓄能装机容量位居北美之首

美国抽水蓄能装机容量占比

99.3%

拉丁美洲和加勒比水电装机容量持续增长

拉丁美洲和加勒比水电装机容量

2.6%↑

巴西水电装机容量位居拉丁美洲和加勒比之首

巴西水电装机容量占比

54.4%

截至 2018 年年底，美国抽水蓄能装机容量 2286 万千瓦，占北美抽水蓄能装机容量的 99.3%；比 2017 年增加 5 万千瓦，同比增长 0.2%。

2.2.2 拉丁美洲和加勒比

2.2.2.1 水电现状
2.2.2.1.1 装机容量

截至 2018 年年底，拉丁美洲和加勒比水电装机容量 1.92 亿千瓦，比 2017 年增长 479 万千瓦，同比增长 2.6%，新增水电装机容量的 81.0% 来自巴西。

截至 2018 年年底，巴西、委内瑞拉、墨西哥、哥伦比亚和阿根廷 5 个国家的水电装机容量均超过 1000 万千瓦（见图 2.39），占拉丁美洲和加勒比水电装机容量的 80.9%。其中，巴西水电装机容量占拉丁美洲和加勒比水电装机容量的 54.4%，比 2017 年增长了 0.7 个百分点，位居拉丁美洲和加勒比之首（见图 2.40）。

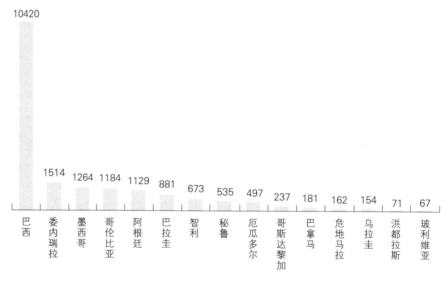

图 2.39　2018 年拉丁美洲和加勒比水电装机容量
前 15 位国家（单位：万千瓦）
数据来源：《可再生能源装机容量统计 2019》

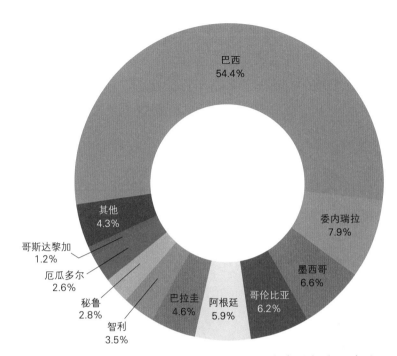

图 2.40 2018 年拉丁美洲和加勒比各国水电装机容量占比

2.2.2.1.2 发电量

截至 2018 年年底，拉丁美洲和加勒比水电发电量 7736 亿千瓦时，比 2017 年增长 9 亿千瓦时，同比增长 0.1%。

截至 2018 年年底，巴西、委内瑞拉、巴拉圭和哥伦比亚 4 个国家的水电发电量均超过 500 亿千瓦时（见图 2.41），占拉丁

拉丁美洲和加勒比水电发电量缓慢增长

拉丁美洲和加勒比水电发电量

↑ **0.1%**

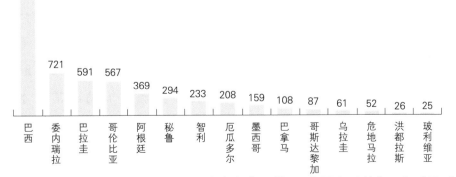

图 2.41 2018 年拉丁美洲和加勒比水电发电量前 15 位国家（单位：亿千瓦时）

数据来源：《水电现状报告 2019》

巴西水电发电量位居拉丁美洲和加勒比之首

巴西水电发电量占比

54.0%

美洲和加勒比水电发电量的 78.3%。其中，巴西水电发电量 4179 亿千瓦时，占拉丁美洲和加勒比水电发电量的 54.0%（见图 2.42），比 2017 年增长了 2.1 个百分点。

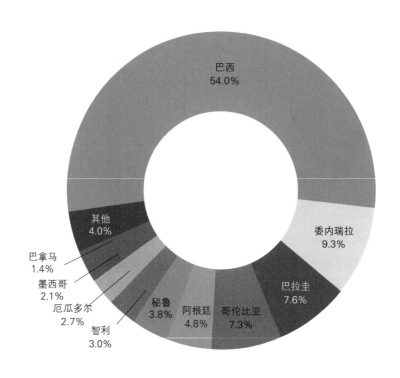

图 2.42　2018 年拉丁美洲和加勒比
各国水电发电量占比

拉丁美洲和加勒比常规水电装机容量持续增长

拉丁美洲和加勒比常规水电装机容量

2.6% ↑

巴西常规水电装机容量位居拉丁美洲和加勒比之首

巴西常规水电装机容量占比

54.6%

2.2.2.2　常规水电现状

截至 2018 年年底，拉丁美洲和加勒比常规水电装机容量 1.91 亿千瓦，比 2017 年增长 479 万千瓦，同比增长 2.6%，新增常规水电装机容量的 81.0% 来自巴西。

截至 2018 年年底，巴西、委内瑞拉、墨西哥、哥伦比亚和阿根廷 5 个国家的常规水电装机容量均超过 1000 万千瓦（见图 2.43），占拉丁美洲和加勒比水电装机容量的 80.8%。其中，巴西常规水电装机容量占拉丁美洲和加勒比常规水电装机容量的 54.6%，比 2017 年增长了 0.6 个百分点（见图 2.44）。

2.2.2.3　抽水蓄能现状

截至 2018 年年底，拉丁美洲和加勒比中仅阿根廷开发建设了抽水蓄能电站，自 2008 年以来，装机容量始终保持为 97 万千瓦。

图 2.43　2018 年拉丁美洲和加勒比常规
水电装机容量前 15 位国家（单位：万千瓦）
数据来源：《可再生能源装机容量统计 2019》

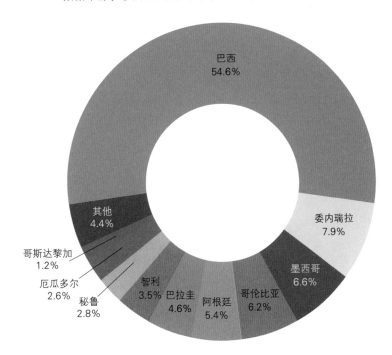

图 2.44　2018 年拉丁美洲和加勒比各国
常规水电装机容量占比

2.3 欧洲

2.3.1 水电现状

2.3.1.1 装机容量

欧洲水电装机容量持续增长

欧洲水电装机容量

0.5% ↑

俄罗斯水电装机容量位居欧洲之首

俄罗斯水电装机容量占比

19.0%

截至 2018 年年底，欧洲水电装机容量 2.72 亿千瓦，比 2017 年增长 146 万千瓦，同比增长 0.5%，新增水电装机容量的 37.7% 来自挪威。

截至 2018 年年底，欧洲各国中水电装机容量超过 1000 万千瓦的国家有 9 个，包括俄罗斯、挪威、法国、意大利、西班牙、瑞典、瑞士、奥地利和德国（见图 2.45），9 个国家水电装机容量之和占欧洲水电装机容量的 77.0%。其中，俄罗斯水电装机容量占欧洲水电装机容量的 19.0%，位居欧洲各国之首（见图 2.46）。

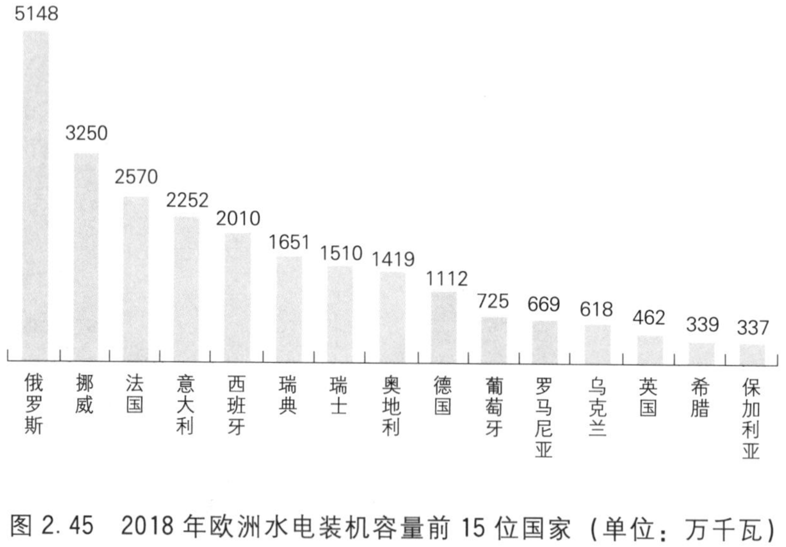

图 2.45　2018 年欧洲水电装机容量前 15 位国家（单位：万千瓦）
数据来源：《可再生能源装机容量统计 2019》

欧洲水电发电量呈波动态势

欧洲水电发电量

6.7% ↑

2.3.1.2 发电量

截至 2018 年年底，欧洲水电发电量 7662 亿千瓦时，比 2017 年增长 482 亿千瓦时，同比增长 6.7%。

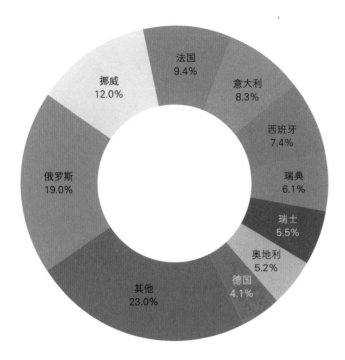

图 2.46　2018 年欧洲各国水电装机容量占比

截至 2018 年年底，俄罗斯、挪威、法国和瑞典 4 个国家的水电发电量均超过 500 亿千瓦时（见图 2.47），占欧洲水电发电量的 58.4%。其中，俄罗斯水电发电量占欧洲水电发电量的 24.0%，位居欧洲之首（见图 2.48）。

俄罗斯水电发电量位居欧洲之首

俄罗斯水电发电量占比

24.0%

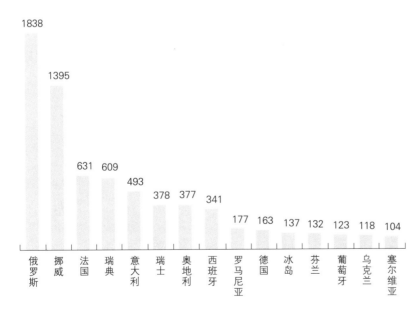

图 2.47　2018 年欧洲水电发电量前 15 位国家（单位：亿千瓦时）

数据来源：《水电现状报告 2019》

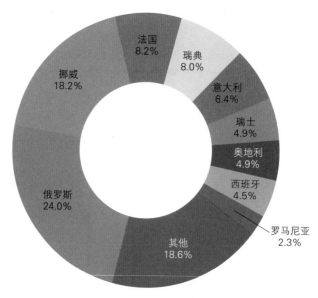

图 2.48　2018 年欧洲各国水电发电量占比

2.3.2　常规水电现状

截至 2018 年年底，欧洲常规水电装机容量 2.42 亿千瓦，比 2017 年增长 83 万千瓦，同比增长 0.3%，新增常规水电装机容量的 66.3% 来自挪威。

截至 2018 年年底，欧洲各国中常规水电装机容量超过 1000 万千瓦的国家有 8 个，包括俄罗斯、挪威、法国、意大利、西班牙、瑞典、瑞士和奥地利（见图 2.49），8 个国家常规水电装机容量之和占欧洲常规水电装机容量的 77.4%。其中，俄罗斯常规

欧洲常规水电装机容量持续增长

欧洲常规水电装机容量
0.3%↑

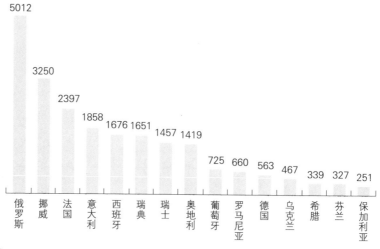

图 2.49　2018 年欧洲常规水电装机容量前 15 位国家（单位：万千瓦）

数据来源：《可再生能源装机容量统计 2019》

水电装机容量占欧洲常规水电装机容量的 20.7%，比 2017 年下降了 0.1 个百分点，位居欧洲之首（见图 2.50）。

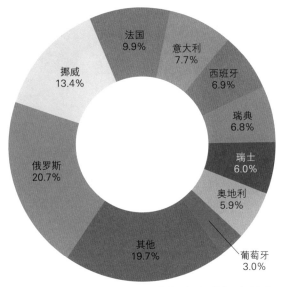

图 2.50　2018 年欧洲各国常规水电装机容量占比

2.3.3　抽水蓄能现状

截至 2018 年年底，欧洲抽水蓄能装机容量 2967 万千瓦，比 2017 年增加 62 万千瓦，同比增长 2.1%，新增抽水蓄能装机容量的 75.8% 来自捷克。

截至 2018 年年底，德国抽水蓄能装机容量 549 万千瓦（见图 2.51），占欧洲抽水蓄能装机容量的 18.5%，位居欧洲之首（见图 2.52）。

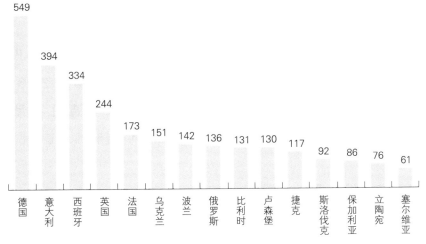

图 2.51　2018 年欧洲抽水蓄能装机容量前 15 位国家（单位：万千瓦）
数据来源：《可再生能源装机容量统计 2019》

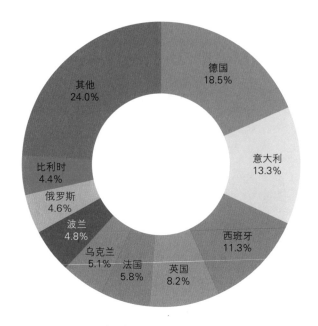

图 2.52　2018 年欧洲各国抽水蓄能装机容量占比

2.4　非洲

非洲水电装机容量缓慢增长

非洲水电装机容量

1.4% ↑

埃塞俄比亚水电装机容量位居非洲之首

埃塞俄比亚水电装机容量占比

10.7%

非洲水电发电量呈波动态势

非洲水电发电量

5.2% ↑

2.4.1　水电现状

2.4.1.1　装机容量

　　截至 2018 年年底，非洲水电装机容量 3568 万千瓦，比 2017 年增长 48 万千瓦，同比增长 1.4%，新增水电装机容量的 62.5% 来自津巴布韦。

　　截至 2018 年年底，埃塞俄比亚和南非的水电装机容量均超过 300 万千瓦（见图 2.53），占非洲水电装机容量的 20.5%。其中，埃塞俄比亚水电装机容量占非洲水电装机容量的 10.7%，比 2017 年回落了 0.1 个百分点，位居非洲之首（见图 2.54）。

2.4.1.2　发电量

　　截至 2018 年年底，非洲水电发电量 1378 亿千瓦时，比 2017 年新增 68 亿千瓦时，同比增长 5.2%。

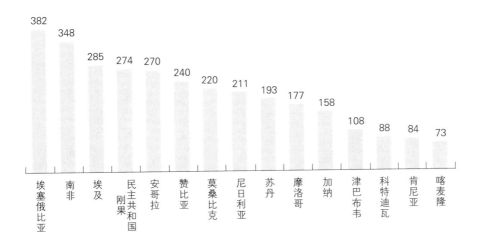

图 2.53　2018 年非洲水电装机容量前 15 位国家（单位：万千瓦）

数据来源：《可再生能源装机容量统计 2019》

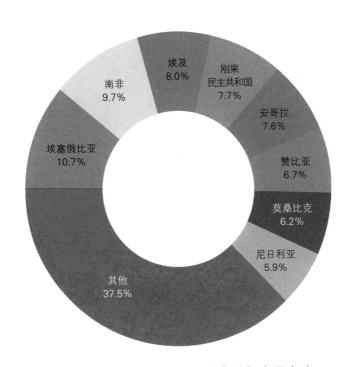

图 2.54　2018 年非洲各国水电装机容量占比

截至 2018 年年底，非洲各国中莫桑比克、赞比亚、安哥拉和埃及的水电发电量均超过 100 亿千瓦时（见图 2.55），占非洲水电发电量的 39.7%。其中，莫桑比克水电发电量占非洲水电发电量的 10.5%，与 2017 年持平，位居非洲之首（见图 2.56）。

莫桑比克水电发电量位居非洲之首

莫桑比克水电发电量占比

10.5%

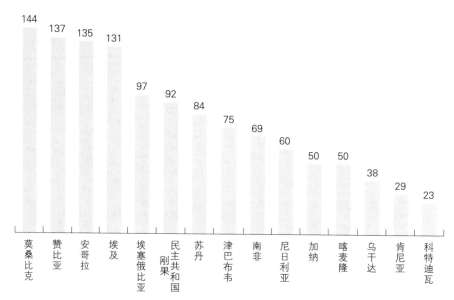

图 2.55　2018 年非洲水电发电量前 15 位国家（单位：亿千瓦时）

数据来源：《水电现状报告 2019》

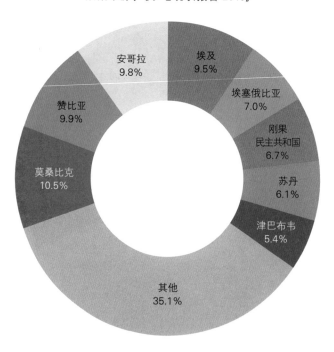

图 2.56　2018 年非洲各国水电发电量占比

2.4.2　常规水电现状

非洲常规水电装机容量持续增长

非洲常规水电装机容量

1.5%↑

　　截至 2018 年年底，非洲常规水电装机容量 3249 万千瓦，比 2017 年增长 49 万千瓦，同比增长 1.5%，新增常规水电装机容量的 61.2% 来自津巴布韦。

　　截至2018年年底，非洲各国中仅埃塞俄比亚的常规水电装机容量超过300万千瓦（见图2.57），占非洲常规水电装机容量的11.8%，比2017年下降了0.1个百分点，位居非洲之首（见图2.58）。

埃塞俄比亚常规水电装机容量位居非洲之首

埃塞俄比亚常规水电装机容量占比

11.8%

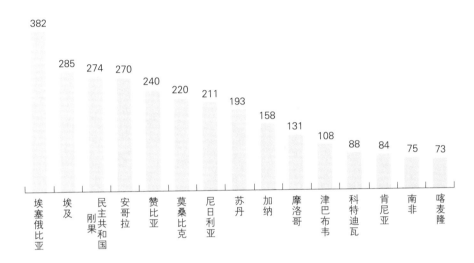

图2.57　2018年非洲常规水电装机容量前15位国家（单位：万千瓦）

数据来源：《可再生能源装机容量统计2019》

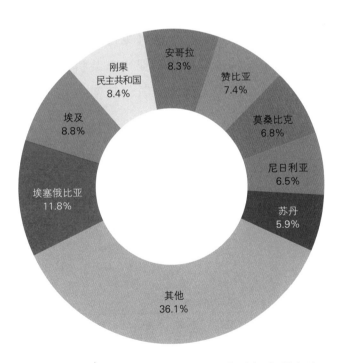

图2.58　2018年非洲各国常规水电装机容量占比

2.4.3　抽水蓄能现状

非洲抽水蓄能装机
容量

与 2017 年持平

南非抽水蓄能装机
容量位居非洲之首

南非抽水蓄能
装机容量占比

85.5%

截至 2018 年年底，非洲抽水蓄能装机容量 320 万千瓦，与 2017 年持平。

截至 2018 年年底，非洲各国中仅南非和摩洛哥开发建设了抽水蓄能电站。其中，南非抽水蓄能装机容量占非洲抽水蓄能装机容量的 85.5%。截至 2018 年年底，南非抽水蓄能装机容量 273 万千瓦，与 2017 年持平。

2.5　大洋洲

2.5.1　水电现状

2.5.1.1　装机容量

大洋洲水电装机容
量增长缓慢

大洋洲水电装机容量

0.1 ↑

澳大利亚水电装机容
量位居大洋洲之首

澳大利亚水电
装机容量占比

59.6%

截至 2018 年年底，大洋洲水电装机容量 1462 万千瓦，比 2017 年增长 1 万千瓦，同比增长 0.1%。

截至 2018 年年底，大洋洲各国中澳大利亚和新西兰 2 个国家的水电装机容量超过 500 万千瓦（见图 2.59），占大洋洲水电装机容量的 96.3%。其中，澳大利亚水电装机容量占大洋洲水电装机容量的 59.6%，位居大洋洲之首（见图 2.60）。

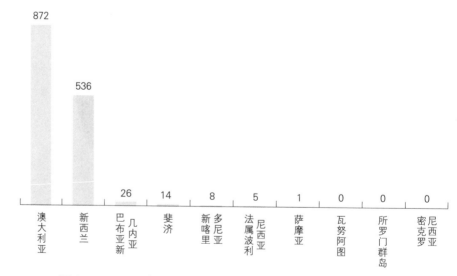

图 2.59　2018 年大洋洲各国水电装机容量（单位：万千瓦）

数据来源：《可再生能源装机容量统计 2019》

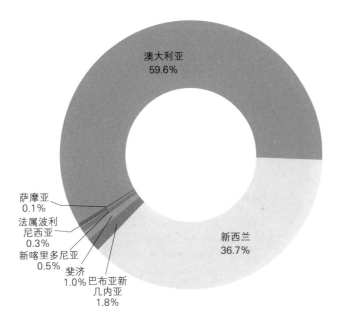

图 2.60　2018 年大洋洲各国水电装机容量占比

2.5.1.2　发电量

截至 2018 年年底，大洋洲水电发电量 456 亿千瓦时，比 2017 年增长 51 亿千瓦时，同比增长 12.6%。

截至 2018 年年底，新西兰和澳大利亚 2 个国家的水电发电量均超过 100 亿千瓦时（见图 2.61），占大洋洲水电发电量的 96.1%。其中，新西兰水电发电量占大洋洲水电发电量的 56.8%，比 2017 年下降了 4.9 个百分点，位居大洋洲之首（见图 2.62）。

大洋洲水电发电量呈波动态势

大洋洲水电发电量

↑ **12.6%**

新西兰水电发电量位居大洋洲之首

新西兰水电发电量占比

56.8%

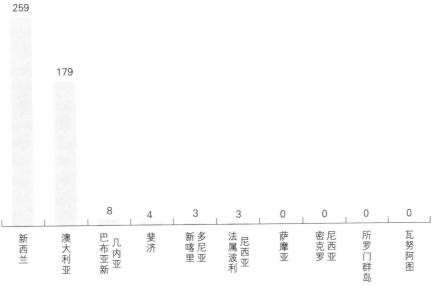

图 2.61　2018 年大洋洲各国水电发电量（单位：亿千瓦时）

数据来源：《水电现状报告 2019》

45

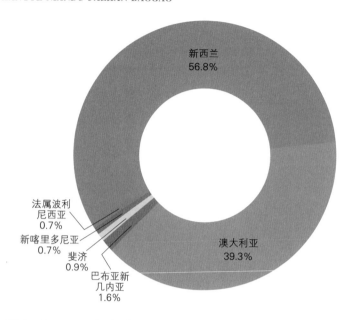

图 2.62　2018 年大洋洲主要国家（地区）水电发电量占比

2.5.2　常规水电现状

大洋洲常规水电装机容量增长缓慢

大洋洲常规水电装机容量与 2017 年持平

截至 2018 年年底，大洋洲常规水电装机容量 1320 万千瓦，与 2017 年持平。

截至 2018 年年底，澳大利亚和新西兰的常规水电装机容量均超过 500 万千瓦（见图 2.63），占大洋洲常规水电装机容量的

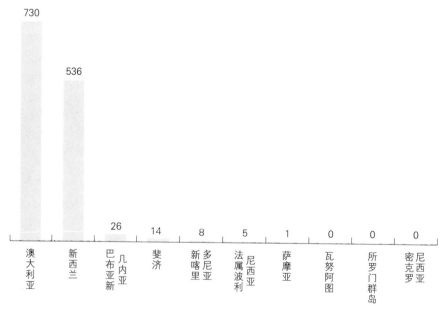

图 2.63　2018 年大洋洲各国常规水电装机容量（单位：万千瓦）

数据来源：《可再生能源装机容量统计 2019》

95.9%。其中，澳大利亚常规水电装机容量占大洋洲常规水电装机容量的 55.3%，比 2017 年下降了 0.1 的百分点，位居大洋洲之首（见图 2.64）。

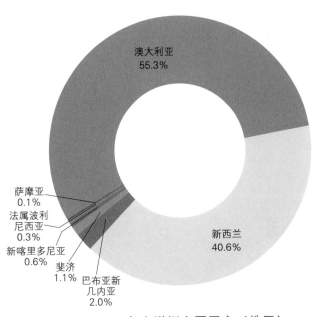

图 2.64　2018 年大洋洲主要国家（地区）常规水电装机容量占比

2.5.3　抽水蓄能现状

截至 2018 年年底，大洋洲各国（地区）中仅澳大利亚开发建设了抽水蓄能电站，装机容量 142 万千瓦，比 2017 年增长 1 万千瓦，同比增长 0.7%。

3

典型国家水电行业发展概况

3.1 美国

3.1.1 水电现状

3.1.1.1 装机容量

美国水电装机容量
趋于平稳

美国水电装机容量
0.1% ↓

截至 2018 年年底，美国水电装机容量 10275 万千瓦，比 2017 年减少 12 万千瓦。2006—2018 年，美国水电装机容量呈稳定但缓慢增长趋势，年均增长 29 万千瓦，年均增速 0.3%。2009年，美国水电装机容量同比增速 0.9%，为 2006 年以来的最高水平；2018 年，美国水电装机容量同比下降 0.1%（见图 3.1）。

图 3.1 2006—2018 年美国水电装机容量及同比变化
数据来源：《水电现状报告 2019》《全球水电行业年度发展报告 2018》

3.1.1.2　发电量

截至 2018 年年底，美国水电发电量 2917 亿千瓦时，比 2017 年减少水电发电量 83 亿千瓦时。2006—2018 年，美国水电发电量变化不大，年均增长 2 亿千瓦时，年均增速 0.1%。2011 年，美国水电发电量同比增速 22.7%，为 2006 年以来的最高水平；2018 年，美国水电发电量同比下降 2.8%（见图 3.2）。

美国水电发电量占全国发电量的 6.8%

美国水电发电量
↓ **2.8%**

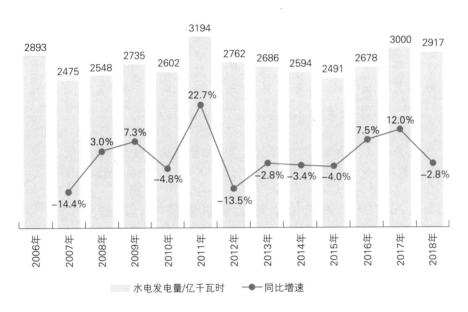

图 3.2　2006—2018 年美国水电发电量及同比变化

数据来源：《水电现状报告 2019》《全球水电行业年度发展报告 2018》

3.1.2　常规水电现状

截至 2018 年年底，美国常规水电装机容量居世界第四位，为 7989 万千瓦，比 2017 年减少 17 万千瓦。2006—2018 年，美国常规水电装机容量平稳增长，年均增长 9 万千瓦，年均增速 0.1%。2018 年，美国常规水电装机容量同比减少 0.2%，与 2011 年同为 2006 年以来的最低水平（见图 3.3）。

美国常规水电装机容量减少

美国常规水电装机容量
↓ **0.2%**

3.1.3　抽水蓄能现状

截至 2018 年年底，美国抽水蓄能装机容量居世界第二位，为 2286 万千瓦，比 2017 年增长 5 万千瓦。2008—2018 年，美国抽水蓄能装机容量变化趋于平稳，年均增长 10 万千瓦，年均增长

美国抽水蓄能装机容量平稳增长

美国抽水蓄能装机容量
↑ **0.2%**

图 3.3　2006—2018 年美国常规水电装机容量及同比变化
数据来源：《水电现状报告 2019》《全球水电行业年度发展报告 2018》

0.5%。2007 年，美国抽水蓄能装机容量同比增速 2.0%，为 2006 年以来的最高水平；2018 年，美国抽水蓄能装机容量同比增速 0.2%，2006 年以来增幅保持稳定（见图 3.4）。

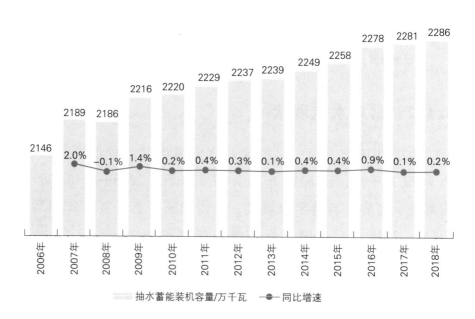

图 3.4　2006—2018 年美国抽水蓄能装机容量及同比变化
数据来源：《水电现状报告 2019》《全球水电行业年度发展报告 2018》

3.1.4 水电审批和在建情况

截至 2018 年年底，美国共规划和开工了 243 个常规水电项目和 55 个抽水蓄能项目，新增装机容量分别为 250 万千瓦和 3000 万千瓦。其中，引水式电站项目占 41%，主要分布在西部地区，非发电坝项目占 32%，主要分布在东部地区。装机容量大于 10 万千瓦的水电项目全部为抽水蓄能项目和增效扩容项目。除引水式电站外，其他类型的水电项目均以私营项目为主。9 个新河流水电开发项目中的 6 个都位于阿拉斯加州。截至 2018 年年底，至少 28 个项目已开工建设，总装机容量 62.3 万千瓦；至少 6 个项目已开始运营，总装机容量 1.26 万千瓦，其中西部地区装机容量为 1.24 万千瓦，包括位于华盛顿州的两个新河流水电开发项目：汉考克溪（Hancock Creek）水电站和加里根溪（Calligan Creek）水电站（见图 3.5）。

截至 2018 年年底，美国共规划了 55 个抽水蓄能电站项目。其中，47 个抽水蓄能项目开展了可行性研究工作；6 个抽水蓄能项目已向美国联邦能源管理委员会（FERC）提交了许可证核准申请；2 个项目已获得美国联邦能源管理委员会许可证，分别为加利福尼亚州的鹰山（Eagle Mountain）工程和蒙大拿州的戈登·巴特（Gordon Butte）工程。2018 年美国联邦能源管理委员会颁发的许可证数量与 2017 年相比，降幅超过一半，且远低于过去 10 年的平均水平（见图 3.6）。

3.1.5 水电行业政策

2018 年 10 月，美国颁布了《水务基础设施法案》（*The America's Water Infrastructure Act of 2018*），以改善美国水利基础设施现状。新法案将水电纳入可再生能源，提出将加快现有非发电坝和抽水蓄能项目的审批流程，缩短审批周期，激励现有水利设施的监管，将新建项目初步许可期年限从 3 年增至 4 年，并延长已获许可项目的开工期限。在该法案的影响下，鹰山工程的开发商已将项目的开工时间延后至 2020 年 12 月。

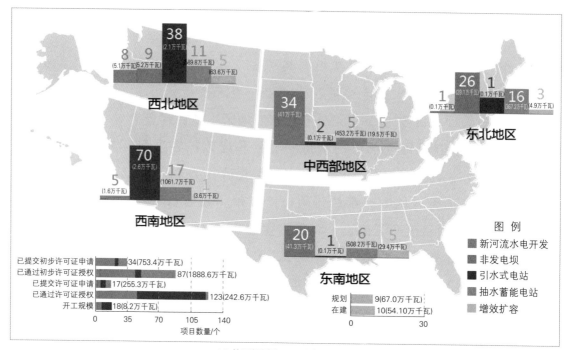

(a) 美国规划和开工的水电项目分布

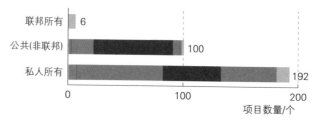

(b) 美国规划和开工的水电项目类型(按所有权分类)

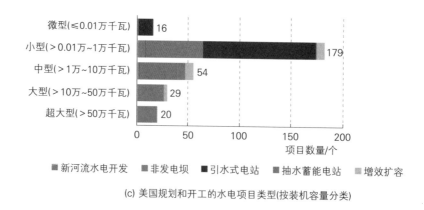

(c) 美国规划和开工的水电项目类型(按装机容量分类)

图 3.5　美国规划和开工的水电项目分布与类型（截至 2018 年年底）

数据来源：《水电市场报告 2018》

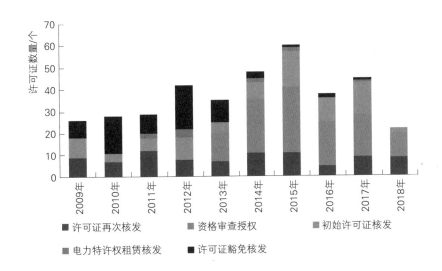

图 3.6　2009—2018 年美国联邦能源管理委员会颁发的各类许可证数量
数据来源：《水电市场报告 2018》

　　2018 年至 2019 年年初，美国夏威夷州、加利福尼亚州、华盛顿特区、新墨西哥州、波多黎各自治邦和华盛顿州 6 个州和地区颁布了 100% 可再生能源法案，以实现增加电力系统终端的清洁能源比重，摆脱化石燃料的依赖，减少碳排放的目标（见图 3.7）。例如，加利福尼亚州 S.B.100 法案提出：2026 年年底前实现全州 50% 的可再生能源供电目标；2030 年年底这个比例将达到 60%；2045 年年底供终端消费者使用的零售电力和政府采购电力将 100% 来自可再生能源和零碳能源。新墨西哥州 S.B.489 法案提出：2030 年实现全州 50% 的可再生能源供电目标；2040 年这个比例将达到 80%；2050 年实现 100% 的零碳电力供应目标。波多黎各自治邦 P.S.1121 法案提出：2025 年实现 40% 的可再生能源供电目标；2040 年实现 60% 的可再生能源供电目标；2050 年实现 100% 的可再生电力供应目标。水电是满足这些目标的合格技术之一，这些法案将助力于美国水电行业的发展。

3.1.6　振兴水电行业的指导意见

　　美国国家水电协会（NHA）和华盛顿州奇兰县公用事业部 (Chelan PUD) 联合发布报告《重振水电白皮书：未来电力清洁、

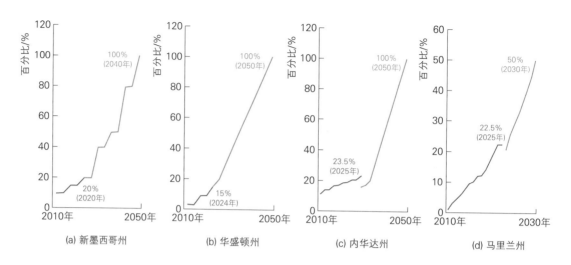

(a) 新墨西哥州　　(b) 华盛顿州　　(c) 内华达州　　(d) 马里兰州

图 3.7　可再生能源供电目标（2010—2050 年）中零售电力的销售百分比
数据来源：美国能源信息署（EIA）

低价、可靠的基石》（*Reinvigorating Hydropower：A Call to Action*），提出了未来 30 年振兴国家水电的一系列举措。美国国家水电协会执行董事指出，水电将继续在美国实现清洁能源目标中发挥关键作用。水电具有可靠性和灵活性，可推动其他可再生能源并入电网，是美国电力系统的支柱。政策制定者应正确认识水电的价值，重新审视现有政策并为其注入新的活力，以保障水电市场蓬勃发展。报告呼吁尽快采取行动，通过公平合理的政策，使水电得到更大发展，帮助美国实现脱碳经济并建立一个经济、可靠、清洁的能源系统。

报告从市场设计、公共政策和监管程序等方面提出了以下 6 项指导意见。

（1）以实现水电最大价值为目标进行市场设计。水电用途广泛，能够在"资源中立"的市场环境中取得较大发展。为了水电行业的可持续发展，一个公平的市场必须在价格上有利于水电项目的业主和运营方。若市场只针对某些属性（如能源）定价，而对转移的其他属性效益（如相关的电网服务）未在电价中得以体现，将不利于发挥水电的综合效益和最大价值。在全美大部分地区，水电综合效益的市场定价水平参差不齐。在任何一个电力市场中，水电价格对于确保实现碳减排目标，并以可靠的最低成本满足电力供应负荷至关重要。决策者需要确保电网利益得到适当补偿，例如，抽水蓄能电站在调峰、调相、调频、事故备用和替代一定容量的燃煤机组等方面发挥了作用，部分水电业主提供的电力产品和服务可替代输电设施，这些降低成本和维持电网安全的效益应得到补偿。

此外，一个充分优化的一体化区域市场不应区别对待新能源和现有能源，区域内部能源和外部能源。中立的电力市场可以根据供电商提供的服务，而非特定的发电能源品种，支付能源、容量、低碳属性和其他服务费用。目前，市场上的电力价格构成难以补偿各种形式的容量和辅助服务，将水电排除在外的可再生能源配额制（RPS）尽管具有低碳属性，但在市场竞争中处于劣势。为了吸引对水电项目的投资，应对上述做法加以修订。

各区监管机构应重新审查现有的市场设计准则、市场运行情况和资源采购计划，激励水电工程的管理和运营方，从而达到低碳化、低成本发电的目标。

（2）基于减排目标的"技术中立"政策。联邦、地区、州和地方各级政府就如何解决碳排放问题展开公开辩论，许多不同的政策解决方案，包括碳税、清洁能源标准、可再生能源配额制等，都已纳入考虑范围之内。州政府支持可再生能源的主要政策机制为可再生能源配额制。可再生能源配额制项目是政府推动风能和太阳能等新兴发电技术的一种手段，这些新能源技术的发展有利于实现美国的能源投资组合。但是，可再生能源配额制项目将水电项目排除在外，使其无法与其他低碳和可再生资源平等竞争。即使水电项目没有被完全排除在外，可再生能源配额制通常会根据规模、运行状况或投入使用的日期对其加以限制。

新政策应保持技术中立，激励所有符合排放目标的发电能源品种。此类政策还应考虑发电成本和社会效果，建议对各项政策开展深入分析和核查，识别政策实施后的效果。例如，2017 年，能源和环境经济学（E3）的一项研究表明，俄勒冈州和华盛顿州的碳排放价格可以促进以低于可再生能源配额制的成本实现减排，同时有助于保护各州现有运行水电项目资产。

政策研究和新政策制定应侧重于推动包括水电在内的低碳能

源发展，同时兼顾成本和可靠性。无论是促进绿色能源发展的新政策还是其他政策手段，都应平等对待水电和低碳可再生能源。始于 20 世纪 30 年代的能源新政计划，推动水电在实现国家基础设施、劳动力和制造业目标方面发挥了巨大作用。未来，水电行业将成为实现各州和全美电网现代化的重要组成部分。

在联邦和州两级的税收方面为水电创造一个公平竞争的环境势在必行。联邦税收政策属于能源激励政策。许多税收激励措施旨在加快推进风电和太阳能发电的发展，以改善和实现新能源规模经济。目前，这些新能源成本相对较低，装机容量持续增长，表明新能源激励政策已在风电和太阳能发电行业取得成功。

但是，现有水电政策使其处于明显的竞争劣势。联邦电力生产税收和激励税收抵免，特别是为风电和太阳能发电项目提供的长期支持，已经并将继续对未来几年的电力市场产生重大影响。

2019 年新建的风电项目在未来十年通货膨胀调整后的生产税抵免（PTC）为每兆瓦时 14 美元，或以低税率选择投资税收抵免（ITC）。同样，2022 年之前投入运行的太阳能发电项目投资税收抵免将由 30％ 逐渐降至 10％，并保持不变。一些地区的税收抵免，特别是风电生产税抵免，已成为项目发展优势，使这些项目即使在负定价期间，零成本电力供应量大于负荷时，也能够经济运行。

与此同时，水电生产和投资税抵免到期，以及激励措施政策的缺失和不确定性，进一步影响了水电发展。在寻求清晰、一致和确定性市场信号的投资者眼中，水电激励政策这个问题尤其严重。因此，在联邦和各州税收政策制定和决策过程中，应认识、重视并公平对待水电项目。

（3）允许对现有水电项目进行再投资，以满足"额外性"标准。为降低电网的碳排放水平，应该允许可再生能源采购方和投资组合政策的制定者对水电工程进行再投资，以满足更多电力需求。限制水电市场的自由竞争会降低水电投资的收益。水电是清洁可再生能源，大型水电工程的建设时间较早，随着现有设备老化，需要大量资金投入，以维持设备的发电能力。

水电可为间歇式能源的协调运行和电网可靠性，实现能源资源优化配置提供基础。为了实现电网低碳排放，可再生能源电力购买者以及制定电力投资组合政策的决策者都倾向于追加水电投资。随着其他可再生能源项目达到其 20 年的预期寿命，此类问题可能会相继出现。

（4）加快水电项目许可审批流程。与其他可再生能源技术相比，水电项目的开发耗时最久且程序最为复杂。许可审批流程可能花费数百万美元，且需要 10 年甚至更长时间，即使是二次审批的项目亦是如此。此外，新许可证的实施成本可能高达数千万或数亿美元。如果决策者致力于推动水电项目服务于现代化电网，需要重新审视监管过程，提高监管效率。

近年来，美国对许可证期限的政策进行了修改，缩短大坝许可证审批流程和审批时间，促进水电项目投资和发展。然而，水电许可审批在已建项目运行和新项目开发等方面，仍需进一步简化和改善。

（5）加大联邦和各州水电研发经费投入，支持产业数字化转型。基于目前水电设备和设施老化的现状，以及水电在保障电网灵活性和可靠性中发挥的重要作用，水电应在能源投资组合中受到更多关注。联邦政府和各州政府应加大对水电领域的研发经费投入，推进水电行业的技术研发。但是，美国能源部为水电技术研发提供的资金与其他能源技术研发资金相比相形见绌。

减少电力供应中断，尤其是因水电机组老化而发生的中断情况，可提高电力可靠性和水电发电量，提高水电设备性能以避免计划外停机可降低项目再投资的不确定性，并提高电网稳定性。一般来讲，水电项目业主和运营方根据"投入使用日期"和设备状况评价方法对老化设备进行评估。传感器技术的进步可实现在线监控水电机组和部件老化情况，掌握发电设备老化进程，识别并规避设备性能突降的风险。通过采用新型传感器技术监测发电设备，结合运行数据，将大幅提高水电发电量。因此，联邦政府和各州政府应加大对水电行业的技术研发投入。

水电研究所（HRI）是一个全新数据驱动的水电业主合作项目，

旨在增强行业优化水平，在持续动态变化的电力系统中保持水电竞争力，通过数字化转型和技术发展，确保水电作为首要发电能源。水电研究所将汇总水电运行数据，协助业主进行数字化转型，并促进水电设施和设备的新技术研发。最终，预测能力的提高可实现水电业主和运营方在设备出现故障前采取有效的措施，提高整体机组可用性。联邦政府和各州政府在水电行业和其他相关行业上的合作，将有助于提高水电行业整体稳定性和应变能力。

（6）改进合同及其质量控制条款，鼓励长期投资。水电项目业主和设备供应商应共同努力，提高水电站各项设备使用的可靠性，使其易于维护，达到预期寿命。水电项目投资计划一般持续30～50年，而涡轮机的使用年限历史上最长可达85年。但是，为了实现间歇式能源并网，确保电网可靠性，抽水蓄能机组需要频繁地启动。在某种程度上，受到这些新的运行条件影响，一些水电部件难以达到设计使用年限。未来几年，这些发电设备问题将越来越多。业主和供应商可加强合作，延长设备保修期并促进实现运营数据的共享。通过供应方和业主之间的合作，可以确保发电设备的实际寿命达到预期寿命，从而提高水电项目的质量。

大多数州政府和联邦政府都制定了公用基础设施工程采购管理相关法律、法规和政策。水电设施因其资产的数量、种类和高度专业化而受到这些采购管理要求的极大影响。传统意义上，这些法律、法规和政策规定水电设施属于建设项目采购设计—招标—施工（DBB）范畴。按照 DBB 要求，水电业主必须在投标前完成项目设计工作，在投标过程中业主将与最低投标人签订合同。但是，这种低价中标方法的弊端在于生命周期内的产品成本可能不是最低，投资回报也不一定是最高。

为了弥补低价中标的缺陷，近年来业主尝试提出了不同的合同中标方法，旨在完善招投标和设备采购过程，协调业主、设计方、施工方之间的关系。最常用的两种招投标方法是总承包＋分包（General Contractor/Construction Manager，GC/CM）和议标，这两种方法都可能为水电业主带来显著的效益。例如，通过 GC/CM 方法，在项目的设计阶段早期选定承包商；设施供应商、设计工程师和承包商之间可建立合作关系，作为一个团队共同承担水电项目的设计施工关键环节。

议标是建筑领域里使用较为广泛的采购方法。议标的实质是谈判性采购，是采购方和被采购方之间通过一对一谈判而最终达到采购目的的一种采购方式。议标允许就报价等进行一对一的谈判，水电项目采用议标方式目标明确，比较灵活。

3.2　中国

3.2.1　水电现状

3.2.1.1　装机容量

截至 2018 年年底，中国水电装机容量 3.53 亿千瓦，比 2017年增长 1140 万千瓦。2008—2018 年，中国水电装机容量持续较快增长，年均增长 1800 万千瓦，年均增速 8.3%。2009 年，中国水电装机容量同比增速 13.7%，为 2008 年以来的最高水平；2018 年，中国水电装机容量同比增速 3.3%，为 2008 年以来的次低水平（见图 3.8）。

中国水电装机容量持续增长

中国水电装机容量
↑ **3.3%**

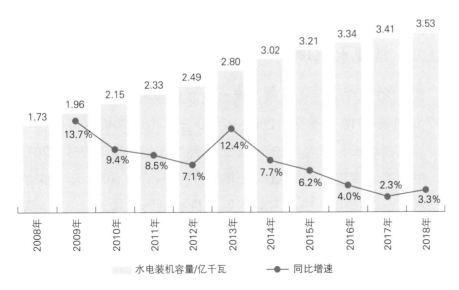

图 3.8　2008—2018 年中国水电装机容量及同比变化

数据来源：《中国电力行业年度发展报告 2019》《全球水电行业年度发展报告 2018》

3.2.1.2　发电量

　　截至 2018 年年底，中国水电发电量 12321 亿千瓦时，位居全球之首，比 2017 年新增水电发电量 376 亿千瓦时。2008—2018 年，中国水电发电量持续增长，年均增长 661 亿千瓦时，年均增速 8.9%。2012 年，中国水电发电量同比增速 23.3%，为 2008 年以来的最高水平；2018 年，中国水电发电量同比增速 3.1%，低于 2008 年以来的平均增速（见图 3.9）。

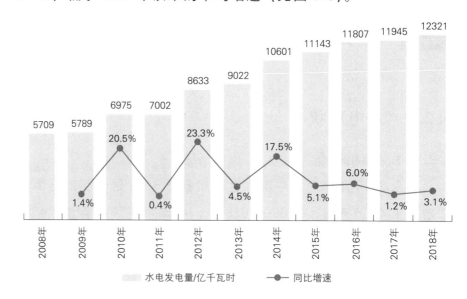

图 3.9　2008—2018 年中国水电发电量及同比变化
数据来源：《中国电力行业年度发展报告 2019》《全球水电行业年度发展报告 2018》

3.2.2　常规水电现状

　　截至 2018 年年底，中国常规水电装机容量 3.23 亿千瓦，比 2017 年增长 1010 万千瓦。2008—2018 年，中国常规水电装机容量持续较快增长，年均增长 1602 万千瓦，年均增速 7.9%。2013 年，中国常规水电装机容量同比增速 13.0%，为 2008 年以来的最高水平；2018 年，中国常规水电装机容量同比增速 3.2%，低于 2008 年以来的平均增速（见图 3.10）。

3.2.3　抽水蓄能现状

　　截至 2018 年年底，中国抽水蓄能装机容量 2999 万千瓦，比 2017 年增长 130 万千瓦。2008—2018 年，中国抽水蓄能装机容量持续较快增长，年均增长 198 万千瓦，年均增速 12.7%。2009 年，中国抽水蓄能装机容量同比增速 34.3%，为 2008 年以来的最高水平；2018 年，中国常规水电装机容量同比增速 4.5%，低于 2008 年以来的平均增速（见图 3.11）。

中国抽水蓄能装机容量持续增长

中国抽水蓄能装机容量

↑ **4.5%**

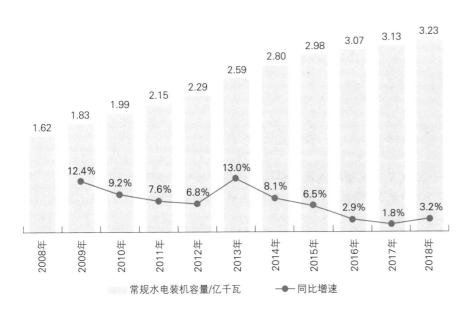

图 3.10　2008—2018 年中国常规水电装机容量及同比变化

数据来源：《中国电力行业年度发展报告 2019》《全球水电行业年度发展报告 2018》

图 3.11　2008—2018 年中国抽水蓄能装机容量及同比变化

根据《中国电力行业年度发展报告 2019》，全国新增抽水蓄能发电装机容量 130 万千瓦，同比下降 35%（见图 3.12）。

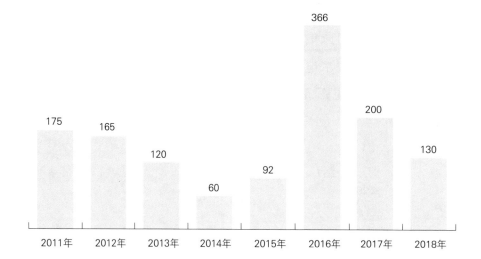

图 3.12　2011—2018 年中国新增抽水蓄能装机容量（单位：万千瓦）
数据来源：《中国电力行业年度发展报告 2019》《全球水电行业年度发展报告 2018》

4

水电经济与就业

4.1 成本

4.1.1 建设成本

水电建设包括土木工程和机电工程。其中，土木工程主要包括大坝和水库建设、隧道和运河建设、发电厂房建设、现场接入基础设施和电网连接等内容；机电工程主要包括涡轮机、发电机、变压器等设施建设或升级改造等内容。

根据国际可再生能源署（IRENA）发布的《可再生能源发电成本 2018》，2018 年全球水电建设成本范围为每千瓦 700～4100 美元（4634～27142 元），平均建设成本为每千瓦 1492 美元（9877.04 元）。2010—2018 年，全球水电平均建设成本自 2010 年的每千瓦 1171 美元增加到 2017 年的每千瓦 1535 美元，回落至 2018 年的每千瓦 1492 美元，同比下降了 2.8%（见图 4.1）。

与 2010—2013 年相比，2014—2018 年，全球主要国家和地区中，南美洲和中国的大中型水电平均建设成本保持相对稳定，中东地区和北美洲的大中型水电平均建设成本上升较快，拉丁美洲和加勒比、欧亚大陆、欧洲以及印度的大中型水电平均建设成本是下降的。2014—2018 年，中国的大中型水电平均建设成本处于全球最低水平，约为每千瓦 1027 美元，大洋洲的大中型水电平

2018 年全球水电平均建设成本为每千瓦 1492 美元

比 2017 年下降 2.8%

均建设成本处于全球最高水平，约为每千瓦 3819 美元（见图 4.2）。2014—2018 年，中国的小型水电平均建设成本处于全球最低水平，约为每千瓦 1075 美元，欧洲的小型水电平均建设成本处于全球最高水平，约为每千瓦 4775 美元（见图 4.3）。

图 4.1　2010—2018 年全球水电平均建设成本及同比变化

来源：《可再生能源发电成本 2018》

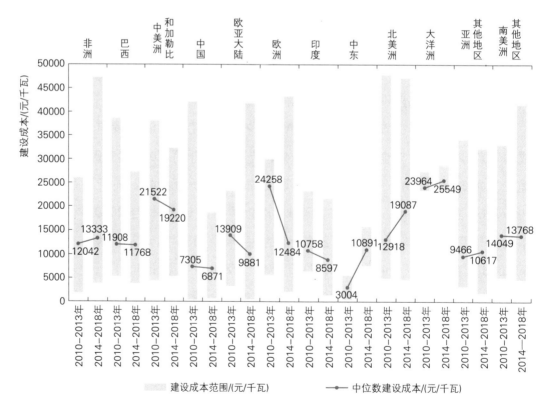

图 4.2　2010—2018 年全球大中型水电建设成本

来源：《可再生能源发电成本 2018》

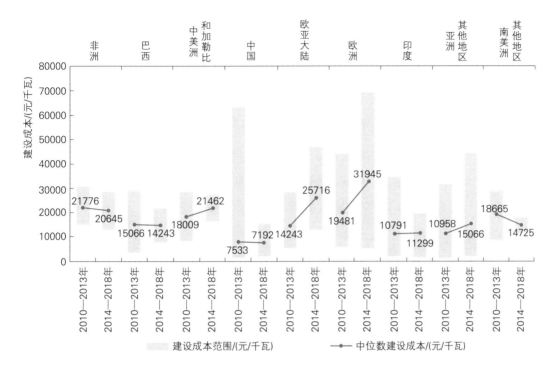

图4.3　2010—2018年全球小型水电建设成本

来源：《可再生能源发电成本2018》

4.1.2　电力平准化度电成本

一般来说，水电的运营维护成本较低。大多数早已建成的水电站，其大坝和相关基础设施的初期投资已经全部摊销，除水电站运营几十年后可能更换机械部件产生相关成本外，剩余支出为运营维护成本。小型水电站的运行周期大约为50年，不涉及大量设备更换的成本。

国际能源署（IEA）2018年统计的最新数据显示，全球水电的电力平准化度电成本（LCOE）为每千瓦时0.047美元（0.31元），比2017年下降了11%，比2010年高出29%。

2010—2013年，全球水电的电力平准化度电成本相对稳定，2014年之后开始上升到略高的水平，主要原因是除中国、印度和日本之外的其他亚洲国家的整体安装成本增加。项目位于偏远地区或地质条件更复杂的地区、远离现有基础设施等因素，都有可能增加水电的建设成本和运营维护成本。2018年，全球水电平均建设成本下降至每千瓦1492美元（9877.04元），同比下降2.8%，

全球水电年度电力平准化度电成本

每千瓦时0.02～0.13美元

主要原因是 2018 年中国的新增水电建设项目占全球新增水电建设项目的比例较大，而中国水电的建设和安装成本比全球平均水平低 10%～20%。

根据国际可再生能源署的最新数据，5 万千瓦以下的小型水电项目的平均安装成本可达每千瓦 1500 美元，高于大中型水电项目的平均安装成本。有案例表明，装机容量为 25 万～70 万千瓦的项目的安装成本略高于其他装机容量范围内的项目。装机容量超过 70 万千瓦的水电项目具有规模经济效益。

4.2 投资

4.2.1 大中型水电

2018 年全球大中型水电的投资总额为 160 亿美元

比 2017 年减少 64.4%

根据《全球可再生能源现状报告 2019》，2018 年全球装机容量 5 万千瓦以上的大中型水电的投资总额为 160 亿美元（1120 亿元），低于 2017 年的 450 亿美元（3038.3 亿元）。

4.2.2 重要投资

根据《全球可再生能源现状报告 2019》，中亚 2018 年启动了几项引人注目的水电项目，包括新建水电站和已建水电站的升级改造。

2018 年年底，塔吉克斯坦罗贡（Rogun）水电站首台发电机组实现并网发电。罗贡水电站在 20 世纪 70 年代后中断建设，于 2016 年恢复建设。该水电站设计装机容量为 360 万千瓦，由 6 台 60 万千瓦发电机组组成。第二批发电机组于 2019 年并网发电，所有发电机组预计将在 2032 年全部建成投入运行。罗贡水电站目前坝高仅为 75 米，但未来大坝高度将达 335 米，并有可能成为世界最高大坝。世界银行早些时候针对罗贡水电站的潜在宏观经济风险、移民安置和下游潜在影响等进行了评估。

在世界银行的资助下，塔吉克斯坦还启动了努列克（Nurek）

水电站的升级改造。该水电站装机容量为 300 万千瓦，是中亚最大的水电站，可满足塔吉克斯坦全国 70% 以上的电力需求，其升级改造将实现该国水力发电能力提高 12%。

4.2.3 升级改造投资

根据《水电市场报告 2018》，2018 年，美国启动了 32 座水电站的 36 个水电机组升级改造（R&U）项目，总投资约为 4.93 亿美元（见图 4.4）。其中，70% 的项目是对水轮发电机组的升级改造，约一半的投资用于更新两个抽水蓄能电站［拉丁顿（Ludington）抽水蓄能电站和卡宾溪（Cabin Creek）抽水蓄能电站］的设施。拉丁顿抽水蓄能电站原有运行许可证自 1969 年 7 月 30 日起生效，于 2019 年 6 月 30 日到期。新许可证于 2019 年 7 月 1 日正式生效，有效年限为 50 年。拉丁顿抽水蓄能电站装机容量 178.5 万千瓦，年平均发电量 26.58 亿千瓦时，年均发电运行成本约每千瓦时 0.0809 美元，比其他能源品种的发电成本低约每千瓦时 0.0146 美元。在上库蓄满情况下，拉丁顿抽水蓄能电站满发时长可达 7 小时。

美国 2018 年 36 个水电机组升级改造（R&U）项目按业主类型可以划分为联邦所有、公共（非联邦）所有和私人所有 3 类，各类项目个数分别为 27 个、4 个和 5 个，投资额占比分别为 32.5%、13.3% 和 54.2%。

自 2008 年以来，美国已完成了 160 个水电机组升级改造项目，总投资超过 70 亿美元，按地区分布的投资占比分别为：西北部 38%、西南部 17%、中西部 10%、东北部 12%、东南部 23%。

4.2.4 中国水电投资

根据《水电现状报告 2019》，2018 年是中国实施历史性经济改革 40 周年。中国实施市场经济体制改革，扩大对外投资。中国继续推动绿色金融，以满足其庞大的清洁能源投资需求。2018 年，与国际接轨的中国绿色债券发行规模达到 312 亿美元，居世

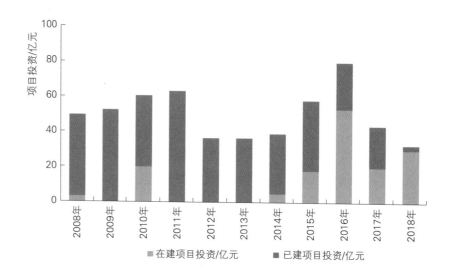

图 4.4 2008—2018 年美国水电机组升级改造项目年均投资
数据来源：《水电市场报告 2018》

界第二，占全球发行总量的 18％。中国绿色债券的发行旨在支持包括大型水电在内的清洁能源项目融资。2017—2018 年，中国长江三峡集团公司融资 22.5 亿美元，用于金沙江梯级水电站项目，包括白鹤滩和乌东德水电项目。通过这些重大改革举措，中国水电装机容量增长了 20 倍，达到 3.53 亿千瓦，占世界装机容量的四分之一以上。

4.3　就业

2017 年全球水电就业岗位 205.4 万个

占当年可再生能源就业岗位的 18.7％

根据《可再生能源和就业报告 2019》，全球可再生能源就业岗位持续增长。2018 年，全球水电提供的就业岗位约为 205.4 万个（见图 4.5），占当年可再生能源就业岗位的 18.7％。其中，超过 70％ 的就业岗位是水电站的运营和维护；其次为建筑安装和制造业，二者占比分别为 23％ 和 5％。

水电领域的主要就业市场集中分布于印度（17％）、中国（15％）和巴西（10％），这三个国家提供的岗位占就业岗位总数的 42％。其余就业岗位分布于越南（6％）、巴基斯坦（5％）、欧盟（4％）、俄罗斯（4％）、伊朗（3％）和美国（3％）等（见图 4.6）。

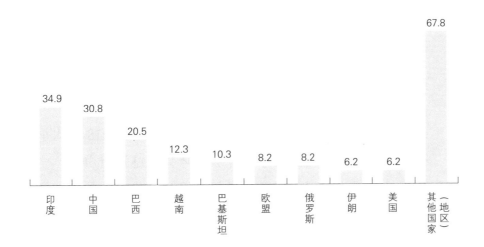

图 4.5　2018 年全球不同国家（地区）水电就业岗位（单位：万个）

数据来源：《可再生能源和就业报告 2019》

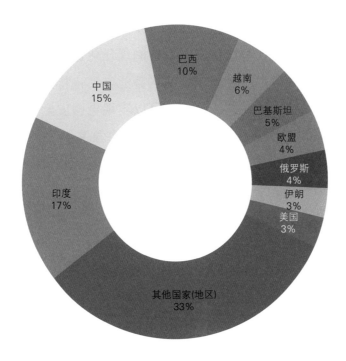

图 4.6　2018 年全球不同国家（地区）水电就业岗位占比

数据来源：《可再生能源和就业报告 2019》

4.4 产业

4.4.1 升级现代化

根据《全球可再生能源现状报告2019》，2018年水电行业的一个显著特点是需要维修和升级的老化设施数量激增。全球一半以上的水电设施已经或即将进行升级和现代化。越来越多的人认识到抽水蓄能具有保障电网安全、服务清洁能源发展和灵活调节的个性化特征，调节性电源建设需求持续增加。同时，根据不同区域电网需求，抽蓄水能电站和其他可再生能源技术之间可实现协调发展。

升级和现代化这两个主题是相互关联的。一方面，在日益发展的能源系统中，升级和现代化水电站可能面临更大的紧迫性，并具有不同的优先次序。在现代能源系统中，电网运行的灵活性至关重要。可通过设计和优化发电设备的现代化进程，满足可再生能源电力占比高的电力系统需求。抽水蓄能电站，特别是使用现代化控制和通信系统的抽水蓄能电站，可以实现电网安全可靠运行，提升电力储存和电网平衡调节能力，带动能源系统资源优化配置，实现"电源—电网—负荷—储能"之间互动运行，协调发展。

另一方面，可再生能源在许多地区能源结构中所占的比例迅速上升，需要更多地关注新能源储存和包括水电在内的电力灵活供应。新能源机组具有随机性和波动性，多呈现反调峰特性；新能源并网运行，导致电力系统调节能力下降，电网平衡能力受到挑战。抽水蓄能是当前全球电力储存的主要手段。作为部门一体化的关键组成部分，电网安全的可靠保障以及电力行业效率的持续提升也离不开抽水蓄能电站对"电源—电网—负荷—储能"互动运行的有效支撑。

4.4.2 可持续发展

根据《全球可再生能源现状报告2019》，2018年，水电行业继续推进水电可持续发展。在包括 2011 年《水电可持续发展评估议定书》（HSAP）在内的该领域以往工作的基础上，国际水电协会推出了两个新工具。一个是水电可持续发展环境、社会和治理差异分析工具（HESG 工具），在水电可持续发展评估委员会的授权下，帮助开发商和运营商对照环境、社会和治理领域的最佳实践进行项目审查，评估或关闭存在差距的项目。项目的一个关键驱动力是提供一个更灵活、更低成本（但不妥协）的替代方案，以替代完整的评估。

国际水电协会的第二个工具是具有良好国际工业惯例的水电可持续性指导方针。这 26 项准则对与水电项目规划、实施和运行的良好做法有关的过程和成果作出了定义，并可在合同安排中作出具体规定，以帮助确保良好的项目成果。这两种工具都符合世界银行新的环境和社会框架以及国际金融公司的环境和社会绩效标准。

根据可持续性标准对债券发行进行认证，有助于推进可再生能源的部署。然而，绿色债券标准基本上排除了水电。2018 年，气候债券倡议（CBI）更新了气候债券分类，为决策者识别符合低碳经济要求的资产和项目提供指导，并提供了与《巴黎协定》设定的 2 摄氏度全球变暖目标相一致的筛选标准。而水电设施还不能受到气候债券倡议认证（合格标准于 2018 年年底前仍在制定中），新的分类表明，任何类型的水电工程需满足特定条件才可能与 2 摄氏度目标兼容，包括在评估和处理环境和社会风险时符合行业最佳做法。

4.4.3　市场竞争

领先的水电技术提供商报告称，2018 年的业绩喜忧参半，全球水电市场的竞争日益激烈。例如，通用电气（美国）报告其水电部门的损失更高，2018 年收入减少 3%。该公司注意到来自其他涡轮机制造商的竞争压力，需要继续投资，通过使用数字解决方案进一步提高其水电技术的效率和灵活性。通用电气表示，水电行业继续通过新的小规模抽水蓄能项目实现价值最大化，以支持风力发电和太阳能发电能力的扩张。

德国福伊特水电（Voith Hydro）也报告了抽水蓄能技术市场的显著增长，这是在风力发电和太阳能光伏发展的背景下，中国的强劲需求推动下实现的。福伊特指出，巴西的市场环境正在改善，北美市场专注于现代化项目，但由于风力发电和太阳能光伏的优惠补贴，欧洲市场受到限制。总体而言，福伊特传达了其水电部门在全球市场竞争更加激烈的挑战性环境中的恶化。亚洲和北美的销售最为强劲，但由于前几年的订单量较低，以及大型项目的建设出现拖延，整体销量下降了20％；新订单下降27％。

奥地利安德里茨水电集团（Andritz Hydro）报告称，由于前几年订单量的下降，今年销售额下降了4％。不过，该公司对2018年新订单增长10％表示欢迎。

2018年，美国水轮机组及部件的进出口总额比2017年有所增长，但仍低于2008—2017年的平均水平，对加拿大和墨西哥的出口以及从加拿大和中国的进口仍然是最大的贸易流量（见图4.7）。2018年，美国水轮机组设备及部件的出口总额为5100万美元，比2017年增长21％，为2008—2017年平均水平的81％。2018年进口总额为5870万美元，同比增长9％，比2008—2017年的平均水平低7％。2014—2018年，美国出口总额的51％流向了加拿大和墨西哥，进口总额的31％来自加拿大，25％来自中国。

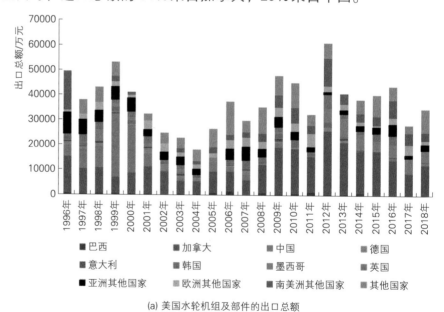

(a) 美国水轮机组及部件的出口总额

图4.7（一）　1996—2018年美国水轮机组及部件的进出口总额
数据来源：《水电市场报告2018》

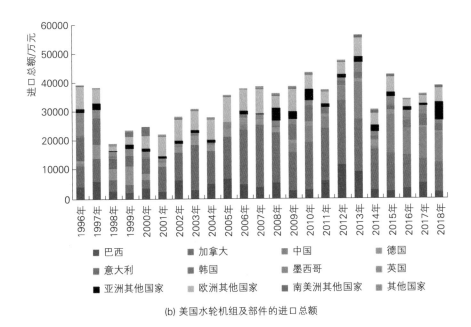

(b) 美国水轮机组及部件的进口总额

图 4.7（二）　1996—2018 年美国水轮机组及部件的进出口总额
数据来源：《水电市场报告 2018》

附表1 2018年全球各国（地区）水电数据统计

区域		国家（地区）		水电装机容量/万千瓦	水电发电量/亿千瓦时	常规水电装机容量/万千瓦	抽水蓄能装机容量/万千瓦
		中文名称	英文名称				
亚洲	东亚	中国	China	35259.0	12321.0	32260.0	2999.0
		朝鲜	Democratic People's Republic of Korea	476.1	129.4	476.1	0.0
		日本	Japan	5011.7	884.7	2819.3	2192.4
		蒙古	Mongolia	2.9	0.5	2.9	0.0
		韩国	Republic of Korea	649.4	72.7	179.4	470.0
	东南亚	柬埔寨	Cambodia	138.0	25.8	138.0	0.0
		印度尼西亚	Indonesia	554.8	179.1	554.8	0.0
		老挝	Lao People's Democratic Republic	507.2	227.5	507.2	0.0
		马来西亚	Malaysia	612.8	156.6	612.8	0.0
		缅甸	Myanmar	325.5	83.7	325.5	0.0
		菲律宾	Philippines	370.8	110.9	297.2	73.6
		泰国	Thailand	360.3	76.0	257.2	103.1
		东帝汶	Timor‐Leste	0.0	0.0	0.0	0.0
		越南	Viet Nam	1798.9	526.0	1798.9	0.0
	南亚	阿富汗	Afghanistan	33.3	11.0	33.3	0.0
		孟加拉国	Bangladesh	23.0	8.7	23.0	0.0
		不丹	Bhutan	161.4	75.0	161.4	0.0
		印度	India	5006.6	1299.6	4528.0	478.6
		伊朗	Iran	1313.5	100.3	1209.5	104.0
		尼泊尔	Nepal	105.9	39.0	105.9	0.0
		巴基斯坦	Pakistan	990.0	256.3	990.0	0.0
		斯里兰卡	Sri Lanka	174.1	31.5	174.1	0.0

区域		国家（地区）		水电装机容量/万千瓦	水电发电量/亿千瓦时	常规水电装机容量/万千瓦	抽水蓄能装机容量/万千瓦
		中文名称	英文名称				
亚洲	中亚	哈萨克斯坦	Kazakhstan	275.6	105.0	275.6	0.0
		吉尔吉斯斯坦	Kyrgyzstan	368.0	122.0	368.0	0.0
		塔吉克斯坦	Tajikistan	563.1	177.0	563.1	0.0
		土库曼斯坦	Turkmenistan	0.1	0.0	0.1	0.0
		乌兹别克斯坦	Uzbekistan	183.9	105.0	183.9	0.0
	西亚	亚美尼亚	Armenia	133.3	23.1	133.3	0.0
		阿塞拜疆	Azerbaijan	124.9	19.0	124.9	0.0
		格鲁吉亚	Georgia	280.5	99.5	280.5	0.0
		伊拉克	Iraq	251.4	44.0	227.4	24.0
		以色列	Israel	0.7	0.2	0.7	0.0
		约旦	Jordan	1.2	0.5	1.2	0.0
		黎巴嫩	Lebanon	25.3	6.0	25.3	0.0
		叙利亚	Syrian Arab Republic	149.4	31.0	149.4	0.0
		土耳其	Turkey	2829.1	597.5	2829.1	0.0
美洲	北美	加拿大	Canada	8074.7	3811.8	8057.3	17.4
		格陵兰	Greenland	9.1	4.2	9.1	0.0
		美国	United States of America	10274.5	2917.2	7989.0	2285.5
	拉丁美洲和加勒比	阿根廷	Argentina	1129.2	368.5	1031.8	97.4
		伯利兹	Belize	5.4	2.4	5.4	0.0
		玻利维亚	Bolivia	67.4	24.9	67.4	0.0
		巴西	Brazil	10419.5	4179.1	10419.5	0.0
		智利	Chile	672.7	232.6	672.7	0.0
		哥伦比亚	Colombia	1184.2	566.5	1184.2	0.0
		哥斯达黎加	Costa Rica	237.3	87.4	237.3	0.0
		古巴	Cuba	6.6	1.0	6.6	0.0
		多米尼克	Dominica	0.7	0.3	0.7	0.0
		多米尼加	Dominican Republic	61.7	13.3	61.7	0.0
		厄瓜多尔	Ecuador	496.6	207.6	496.6	0.0
		萨尔瓦多	El Salvador	57.5	15.4	57.5	0.0
		法属圭亚那	French Guiana	11.8	5.8	11.8	0.0
		瓜德罗普	Guadeloupe	1.1	0.2	1.1	0.0
		危地马拉	Guatemala	162.1	51.9	162.1	0.0

续表

区域	国家（地区）		水电装机容量/万千瓦	水电发电量/亿千瓦时	常规水电装机容量/万千瓦	抽水蓄能装机容量/万千瓦
	中文名称	英文名称				
美洲	拉丁美洲和加勒比	圭亚那	Guyana	0.1	0.0	0.1	0.0
		海地	Haiti	7.8	1.5	7.8	0.0
		洪都拉斯	Honduras	70.6	25.9	70.6	0.0
		牙买加	Jamaica	3.0	1.2	3.0	0.0
		墨西哥	Mexico	1264.2	159.0	1264.2	0.0
		尼加拉瓜	Nicaragua	14.2	4.3	14.2	0.0
		巴拿马	Panama	181.2	107.8	181.2	0.0
		巴拉圭	Paraguay	881.0	591.1	881.0	0.0
		秘鲁	Peru	534.9	293.6	534.9	0.0
		波多黎各	Puerto Rico	9.9	1.1	9.9	0.0
		圣文森特和格林纳丁斯	Saint Vincent and the Grenadines	0.6	0.3	0.6	0.0
		苏里南	Suriname	18.0	11.0	18.0	0.0
		乌拉圭	Uruguay	153.8	61.4	153.8	0.0
		委内瑞拉	Venezuela	1513.8	720.9	1513.8	0.0
欧洲		阿尔巴尼亚	Albania	213.2	85.5	213.2	0.0
		安道尔	Andorra	4.5	1.2	4.5	0.0
		奥地利	Austria	1419.4	377.0	1419.4	0.0
		白俄罗斯	Belarus	9.5	4.1	9.5	0.0
		比利时	Belgium	142.4	2.2	11.4	131.0
		波黑	Bosnia and Herzegovina	223.2	61.5	181.2	42.0
		保加利亚	Bulgaria	337.2	50.0	250.8	86.4
		克罗地亚	Croatia	220.6	77.1	220.6	0.0
		捷克	Czechia	226.1	27.5	108.9	117.2
		丹麦	Denmark	0.9	0.1	0.9	0.0
		爱沙尼亚	Estonia	0.7	0.2	0.7	0.0
		法罗群岛	Faroe Islands	3.8	1.1	3.8	0.0
		芬兰	Finland	327.4	131.5	327.4	0.0
		法国	France	2569.5	631.0	2396.7	172.8
		德国	Germany	1112.0	162.9	562.7	549.3
		希腊	Greece	339.2	58.4	339.2	0.0

续表

区域	国家（地区）		水电装机容量/万千瓦	水电发电量/亿千瓦时	常规水电装机容量/万千瓦	抽水蓄能装机容量/万千瓦
	中文名称	英文名称				
欧洲	匈牙利	Hungary	5.7	2.1	5.7	0.0
	冰岛	Iceland	208.4	136.9	208.4	0.0
	爱尔兰	Ireland	52.9	9.1	23.7	29.2
	意大利	Italy	2251.6	492.8	1857.6	394.0
	拉脱维亚	Latvia	156.4	28.1	156.4	0.0
	立陶宛	Lithuania	87.7	4.3	11.7	76.0
	卢森堡	Luxembourg	133.1	0.7	3.5	129.6
	摩尔多瓦	Moldova	6.4	3.5	6.4	0.0
	黑山	Montenegro	65.3	20.4	65.3	0.0
	荷兰	Netherlands	3.7	0.7	3.7	0.0
	马其顿	North Macedonia	67.4	15.8	67.4	0.0
	挪威	Norway	3250.2	1395.1	3250.2	0.0
	波兰	Poland	239.2	26.4	96.9	142.3
	葡萄牙	Portugal	724.8	122.7	724.8	0.0
	罗马尼亚	Romania	669.2	176.8	660.0	9.2
	俄罗斯	Russia	5147.8	1837.6	5012.2	135.6
	塞尔维亚	Serbia	308.1	103.9	246.7	61.4
	斯洛伐克	Slovakia	252.3	37.8	160.7	91.6
	斯洛文尼亚	Slovenia	134.7	51.1	116.7	18.0
	西班牙	Spain	2009.8	341.2	1676.1	333.7
	瑞典	Sweden	1650.6	609.4	1650.6	0.0
	瑞士	Switzerland	1509.9	377.8	1457.2	52.7
	乌克兰	Ukraine	617.7	117.8	466.8	150.9
	英国	United Kingdom	462.2	78.3	217.8	244.4
非洲	阿尔及利亚	Algeria	22.8	0.9	22.8	0.0
	安哥拉	Angola	269.9	135.0	269.9	0.0
	贝宁	Benin	0.1	0.7	0.1	0.0
	布基纳法索	Burkina Faso	3.2	1.0	3.2	0.0
	布隆迪	Burundi	4.8	1.5	4.8	0.0
	喀麦隆	Cameroon	73.2	49.7	73.2	0.0
	中非共和国	Central African Republic	1.9	1.5	1.9	0.0

续表

区域	国家（地区）		水电装机容量/万千瓦	水电发电量/亿千瓦时	常规水电装机容量/万千瓦	抽水蓄能装机容量/万千瓦
	中文名称	英文名称				
非洲	科摩罗	Comoros	0.1	0.0	0.1	0.0
	科特迪瓦	Côte d'Ivoire	87.9	23.1	87.9	0.0
	刚果民主共和国	Democratic Republic of the Congo	274.0	92.4	274.0	0.0
	埃及	Egypt	285.1	131.0	285.1	0.0
	赤道几内亚	Equatorial Guinea	12.6	1.2	12.6	0.0
	斯威士兰	Eswatini	6.2	2.6	6.2	0.0
	埃塞俄比亚	Ethiopia	381.7	96.8	381.7	0.0
	加蓬	Gabon	33.0	17.4	33.0	0.0
	加纳	Ghana	158.4	49.9	158.4	0.0
	几内亚	Guinea	36.8	13.6	36.8	0.0
	肯尼亚	Kenya	83.7	28.9	83.7	0.0
	莱索托	Lesotho	7.5	5.0	7.5	0.0
	利比里亚	Liberia	9.2	4.9	9.2	0.0
	马达加斯加	Madagascar	16.4	7.2	16.4	0.0
	马拉维	Malawi	36.4	11.2	36.4	0.0
	马里	Mali	18.4	9.5	18.4	0.0
	毛里塔尼亚	Mauritania	4.8	1.9	4.8	0.0
	毛里求斯	Mauritius	6.1	0.9	6.1	0.0
	摩洛哥	Morocco	177.0	21.7	130.6	46.4
	莫桑比克	Mozambique	220.4	144.0	220.4	0.0
	纳米比亚	Namibia	34.7	13.3	34.7	0.0
	尼日利亚	Nigeria	211.1	59.7	211.1	0.0
	刚果共和国	Republic of Congo	21.4	10.6	21.4	0.0
	留尼汪	Réunion	13.3	5.0	13.3	0.0
	卢旺达	Rwanda	9.9	3.7	9.9	0.0
	圣多美和普林西比	Sao Tome and Principe	0.2	0.1	0.2	0.0
	塞内加尔	Senegal	7.5	3.3	7.5	0.0
	塞拉利昂	Sierra Leone	6.1	1.7	6.1	0.0
	南非	South Africa	347.9	69.3	74.7	273.2

续表

区域	国家（地区）		水电装机容量/万千瓦	水电发电量/亿千瓦时	常规水电装机容量/万千瓦	抽水蓄能装机容量/万千瓦
	中文名称	英文名称				
非洲	苏丹	Sudan	192.8	84.2	192.8	0.0
	坦桑尼亚	Tanzania	58.3	22.1	58.3	0.0
	多哥	Togo	6.7	1.0	6.7	0.0
	突尼斯	Tunisia	6.6	0.7	6.6	0.0
	乌干达	Uganda	72.3	37.8	72.3	0.0
	赞比亚	Zambia	239.8	136.5	239.8	0.0
	津巴布韦	Zimbabwe	108.1	75.4	108.1	0.0
大洋洲	澳大利亚	Australia	872.5	179.1	730.9	141.6
	斐济	Fiji	13.8	3.6	13.8	0.0
	法属波利尼西亚	French Polynesia	4.8	2.7	4.8	0.0
	密克罗尼西亚联邦	Micronesia	0.0	0.0	0.0	0.0
	新喀里多尼亚	New Caledonia	7.8	3.3	7.8	0.0
	新西兰	New Zealand	536.0	258.9	536.0	0.0
	巴布亚新几内亚	Papua New Guinea	25.8	7.8	25.8	0.0
	萨摩亚	Samoa	1.2	0.4	1.2	0.0
	所罗门群岛	Solomon Islands	0.0	0.0	0.0	0.0
	瓦努阿图	Vanuatu	0.1	0.0	0.1	0.0

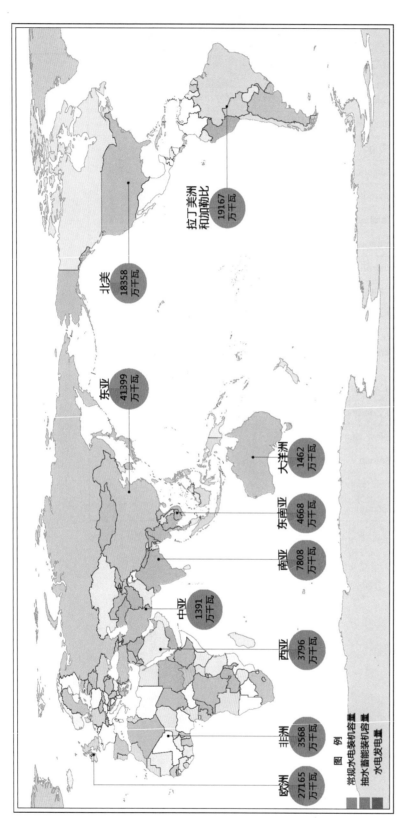

附图 1　全球水电概览

（注：图中数据为常规水电装机容量与抽水蓄能装机容量之和）

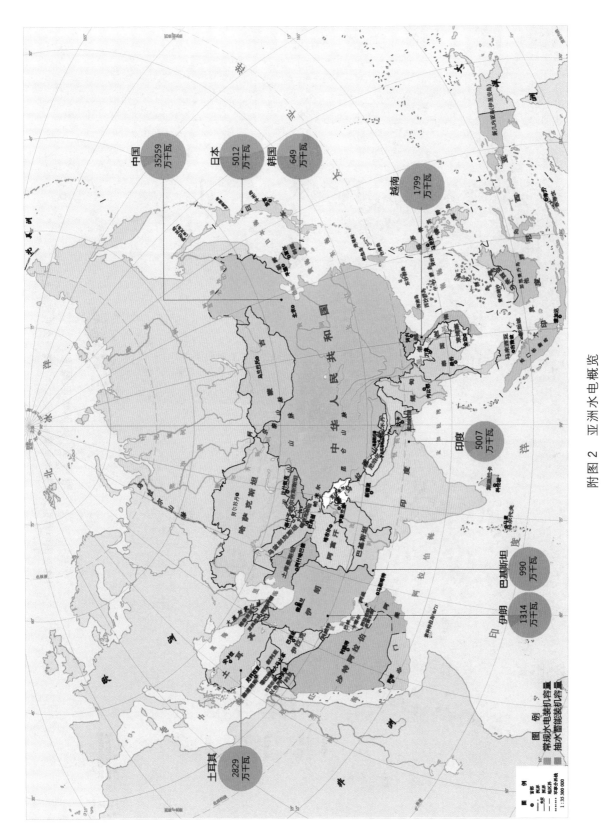

附图 2　亚洲水电概览

（注：图中数据为常规水电表机容量与抽水蓄能表机容量之和）

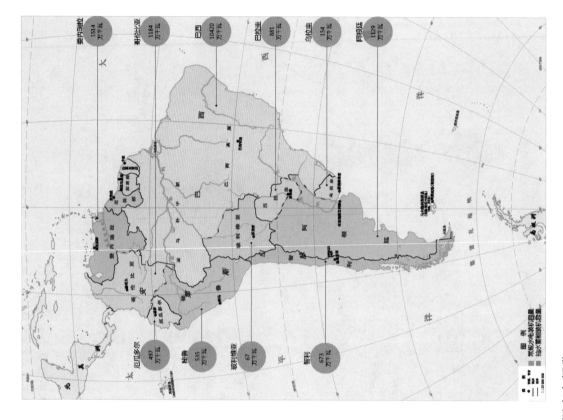

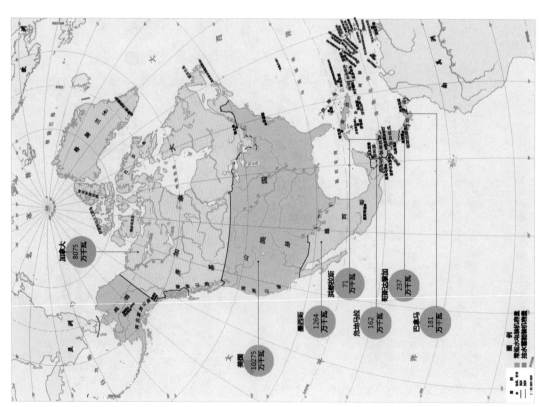

附图 3 美洲水电概览

（注：图中数据为常规水电装机容量与抽水蓄能装机容量之和）

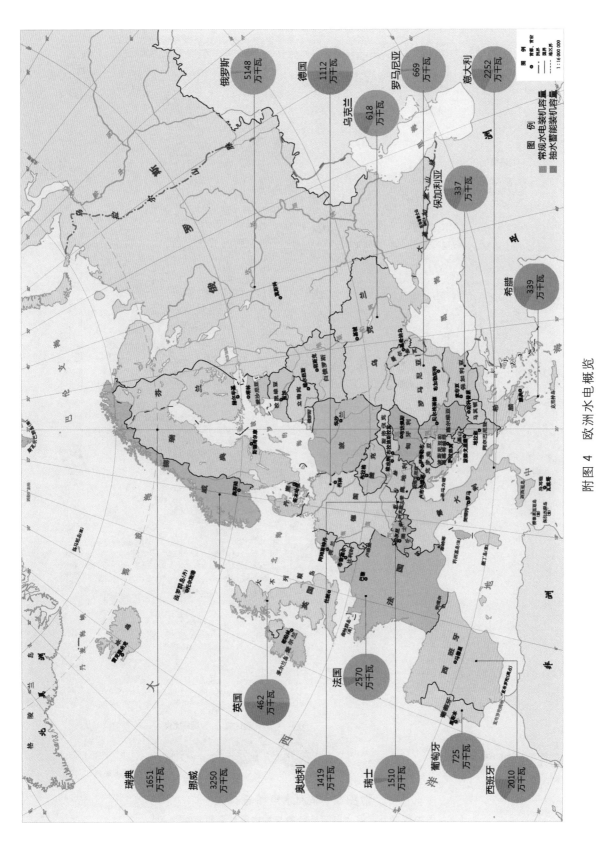

附图 4　欧洲水电概览

（注：图中数据为常规水电装机容量与抽水蓄能装机容量之和）

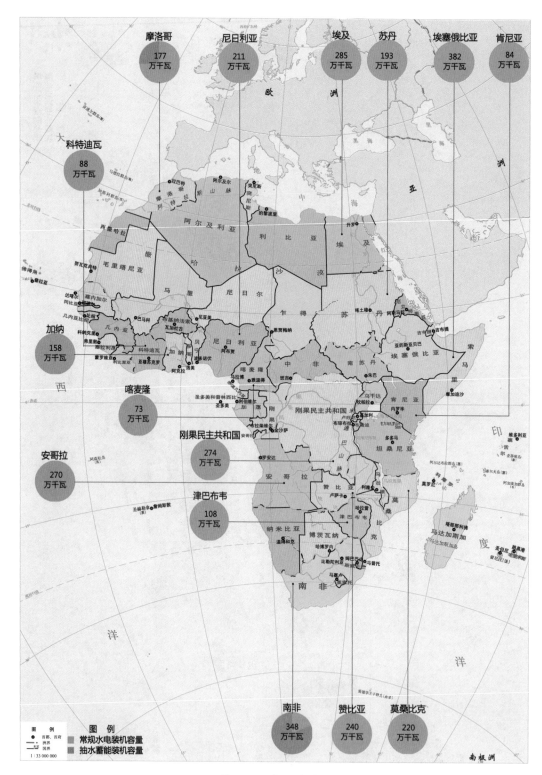

附图5 非洲水电概览

（注：图中数据为常规水电装机容量与抽水蓄能装机容量之和）

参 考 文 献

［1］　IHA. Hydropower Status Report 2019［EB/OL］.［2019－05－13］. https：//www. hydropower. org/status2019.

［2］　IRENA：International Renewable Energy Agency. Abu Dhabi：Renewable Capacity Statistics 2019［EB/OL］. https：//www. irena. org/publications/2019/Mar/Renewable－Capacity－Statistics－2019.

［3］　IRENA：International Renewable Energy Agency. Abu Dhabi：Renewable Energy Statistics 2019［EB/OL］. https：//www. irena. org/publications/2019/Jul/Renewable－energy－statistics－2019.

［4］　IRENA：International Renewable Energy Agency. Abu Dhabi：Renewable Power Generation Costs in 2018［EB/OL］. https：//www. irena. org/publications/2019/May/Renewable－power－generation－costs－in－2018.

［5］　IRENA：International Renewable Energy Agency. Renewables 2019 global status report［EB/OL］. https：//www. ren21. net/gsr－2019.

［6］　Office of Energy Efficiency & Renewable Energy. Hydropower Market Report 2018 Update［EB/OL］. https：//www. energy. gov/eere/water/hydropower－market－report.

［7］　IRENA：International Renewable Energy Agency. Abu Dhabi：Renewable Energy and Jobs Annual Review 2019［EB/OL］. https：//www. irena. org/publications/2019/Jun/Renewable－Energy－and－Jobs－Annual－Review－2019.

［8］　NHA：National Hydropower Association. Reinvigorating hydropower A cornerstone of our clean, affordable, reliable electric future［EB/OL］. https：//www. fdepower. com/reinvigorating－hydropower.

［9］　国家水电可持续发展中心. 全球水电行业年度发展报告2018［M］. 北京：中国水利水电出版社，2018.

［10］　中国电力企业联合会. 中国电力行业年度发展报告2019［M］. 北京：中国市场出版社，2019.